KB130262

하루 10분의 기적

초등 패턴 글쓰기

한 그루의 나무가 모여 푸른 숲을 이루듯이
청림의 책들은 삶을 풍요롭게 합니다.

아이의 글머리가 5일 안에 완성된다!

하루 10분의 기적

초등 패턴 글쓰기

남낙현 지음

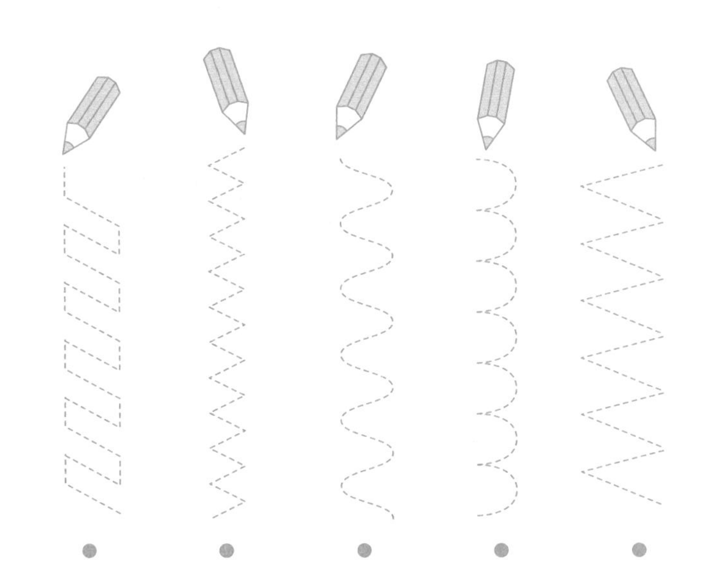

청림Life

프롤로그

아이는 왜 첫 문장을 떠올리지 못할까?

"아이가 평소에 글을 쓰나요?"

부모들에게 이 질문을 하면 선뜻 "네."라는 답변이 돌아오지 않습니다. 그만큼 아이가 보내는 하루 중 글 쓰는 시간이 없는 것이 현실입니다. 글쓰기를 숙제나 일기가 아닌 재미있게 즐기는 활동으로 여기는 아이는 모래밭에서 바늘 찾기만큼 드뭅니다.

많은 부모가 글쓰기가 중요하다는 사실을 잘 알고 있습니다. 그런데 왜 아이들의 일상에는 글쓰기가 빠져 있는 걸까요? 아마도 글을 쓸 시간이 없다는 것이 가장 큰 이유일 것입니다. 부모들은 직장과 집안일 때문에 바쁘고 아이들은 숙제와 학원에 매달리느라 정신이 없습니다. 가족이 함께 모여 식사하기도 쉽지 않은 현실 속에서 글쓰기 시간을 따로 낼 엄두조차 내지 못합니다.

초등학교에서 5학년 학생들에게 글쓰기 수업을 진행한 적이 있습니다. 어른을 대상으로 글쓰기 수업을 진행한 적은 많았지만 아이들은 처음이었습니다. 과연 아이들이 어떤 내용의 글을 쓸지 잔뜩 기대하며 교실 문을 들어섰습니다. 그러나 수업이 진행될수록 아이들이 신나게 글을 쓸 거라는 제 기대는 무참히 깨져버렸습니다. 아이들은 무엇을 써야 할지 몰라 종이만 뚫어져라 쳐다보거나 애꿎은 글자만 쓰고 지우기를 반복하고 있었습니다. 첫 글자부터 막혀 시작하지도 못하고 있는 모습을 보니 글쓰기 형식이 중요한 게 아니라는 생각이 들었습니다. 무엇이든 쓸 수 있도록 도와줘야 했습니다. 아무리 좋은 글쓰기 형식을 알려줘도 한 글자도 적지 못한다면 무용지물일 뿐입니다.

그럼 왜 아이들이 글쓰기를 힘들어할까요? 글을 자주 써보지 않은 영향도 있지만, 어떻게 글쓰기를 시작해야 할지 모른다는 것이 가장 큰 문제입니다. 고민 끝에 아이들에게 교실 창문 바깥의 풍경을 눈에 보이는 대로 적어보라고 했습니다. 글감이 떠오르지 않을 때 저 또한 많이 사용하는 방법인데, 일명 '관찰 패턴'이라고 부르는 글쓰기 방식입니다. 관찰 패턴을 활용하자 놀라운 일이 벌어졌습니다. 아이들이 글을 거침없이 써 내려가기 시작한 것이죠. 교실은 연필 소리로 가득찼습니다.

그때부터였습니다. 고민하며 힘들게 쓰기보다 엉성한 글이라도 쓰면서 생각하는 재미난 글쓰기가 필요하다는 걸 깨달았습니다. 그리고 형식적인 수업을 버리고 아이들이 글쓰기를 재미있게 시작할 수 있는 방식으로 바꿨습니다. 글을 써야 한다는 강박 관념보다 일단 글을 쓰면서 생각하는 패턴을 익히도록 말입니다. 글쓰기가 재미없으면 몇 분만 앉아 있어도 아이들은 좀이 쑤셔 엉덩이를 들썩거립니다. 하지만 글쓰기가 놀이가 되면 손목이 아프다고 말하면서도 멈추지 않고 씁니다.

문제는 글머리를 쉽게 열어주는 것이었습니다. 아이들이 글쓰기를 숙제처럼 생각하지 않고 흥미와 재미를 느끼는 놀이처럼 받아들이게 하려면 두 가지 문제를 해결해야 했습니다.

문제 1: 흥미를 잃지 않게 하는 적당한 시간

문제 2: 글머리를 열어줘 글쓰기를 쉽게 시작하는 방법

여러 방법을 적용해보고 얻은 결론은 '시간'과 '패턴'이 필요하다는 것이었습니다. 문제점을 정확히 인식하자 해결책은 의외로 간단했습니다.

해결 1: 10분간 멈추지 않고 쓴다.

해결 2: 다섯 가지 패턴(관찰, 오감, 질문, 감정, 주제)을 적용해 쉽게 글머리를 열게 한다.

이렇게 두 가지 글쓰기 방법을 통해 아이들이 어려워하는 원인을 해

소하니, 시간이 지날수록 글쓰기에 자신감이 붙었습니다. 형식에 묶여 쓰지 않으니 자기 생각을 서슴없이 적는 데도 두려움이 없었습니다.

이 책은 다섯 가지 패턴을 통해 아이들이 글쓰기를 즐거운 놀이로 받아들이는 과정을 담고 있습니다. 한 명의 아이라도 더 글쓰기 습관을 익혀 평소에도 글 쓰는 아이로 자라길 바라는 마음으로 책을 썼습니다. 초등 글쓰기가 힘들다고요? 전혀 그렇지 않습니다. 아이가 스스로 쓸 수 있도록 글머리를 여는 것만 도와주면 해결됩니다. 그러면 아이 스스로 쉬는 시간에도 떠오르는 생각을 적습니다. 식탁에 앉아 있다가도 쓸거리가 생각 나면 끄적끄적 적기 시작할 겁니다. 이러한 작은 경험이 글쓰기 습관을 만들어주고, 아이의 감정과 상상력을 키우는 훌륭한 도구가 되어줄 것입니다. 동요 속에 등장하는 깊은 산속 옹달샘은 토끼와 노루가 와서 물을 마셔도 줄어들지 않습니다. 아이들에게 글쓰기는 옹달샘과 같아야 합니다. 머릿속 생각을 글로 꺼내놓아도 마르지 않고 계속 솟아나는 옹달샘 말이죠. 다섯 가지 패턴 글쓰기를 활용해 마르지 않는 '생각의 옹달샘'을 아이에게 선물하는 계기가 되었으면 좋겠습니다.

차 례

프롤로그 아이는 왜 첫 문장을 떠올리지 못할까? 4

1부. [기초편]

아이의 생각과 마음을 여는 즐거운 글쓰기

1장 왜 초등학교 시기에 글쓰기를 해야 하는가?

아이의 역량을 키우는 최고의 훈련법, 글쓰기 16

글쓰기는 아이의 생각을 구체화한다 22

아이의 창의력을 키우는 마중물 28

글을 고치며 마음도 고친다 34

2장 아이의 글쓰기 장벽을 허무는 여섯 가지 방법

글쓰기 부담을 주는 요인을 제거하라 40

짧은 글이라도 자주 쓰는 습관을 들이자 46

아이에게 필요한 건 평가보다 칭찬이다 52

글쓰기를 일단 시작하라 58

일기 쓸 땐 세 가지만 기억하자 63

독서를 글쓰기로 연결하라 69

3장 하루 10분, 글쓰기 습관을 만드는 최적의 시간

글머리를 여는 첫 도미노를 찾아라 76
반복하면 실력이 된다 83
10분 글쓰기를 위한 조금 독특한 규칙 세 가지 88
엄마, 아빠와 함께 쓰면 놀이가 된다 97
식탁에서 쓰는 간식 같은 글쓰기 103

2부. [실전편]

아이가 글감을 쉽게 찾아내는 다섯 가지 패턴 글쓰기

4장 패턴을 알면 글쓰기가 쉬워진다

글쓰기의 다섯 가지 패턴 112
첫 번째 관찰 패턴 글쓰기 117
두 번째 오감 패턴 글쓰기 121
세 번째 질문 패턴 글쓰기 125
네 번째 감정 패턴 글쓰기 129
다섯 번째 주제 패턴 글쓰기 132

5장 일상을 글감으로 만드는 관찰 패턴 글쓰기

보는 것이면 무엇이든 글감이 될 수 있다 138
상상력의 바탕이 되는 관찰의 힘 143
지우개도 평가도 필요없는 글쓰기 151
말하듯 글을 쓰기 위한 준비 운동 158
관찰 패턴 글쓰기 심화 과정 163
● **5일간 따라 써보는 관찰 패턴 글쓰기** 168
선생님의 글쓰기 지도 Tip! 170

6장 감각을 활용해 표현력을 기르는 오감 패턴 글쓰기

손에 잡힐 듯 생생한 글쓰기 172
나의 모든 감각을 연필 끝에 옮기기 176
추상적인 생각을 구체적인 표현으로 이끌기 181
국어사전에 아이만의 느낌을 덧붙이기 188
오감 패턴 글쓰기 심화 과정 195
★ **5일간 따라 써보는 오감 패턴 글쓰기** 198
선생님의 글쓰기 지도 Tip! 200

7장 묻고 답하며 사고력을 키우는 질문 패턴 글쓰기

'왜'를 앞세우면 글이 써진다 202
상상력과 숨바꼭질하는 거꾸로 질문 207
질문 패턴 글쓰기 심화 과정 212
■ **5일간 따라 써보는 질문 패턴 글쓰기** 218
선생님의 글쓰기 지도 Tip! 220

8장 마음을 깊이 살피는 감정 패턴 글쓰기

감정에는 수많은 글감이 있다 222

자기 감정을 아는 아이가 공감력도 높다 227

감정 패턴 글쓰기 심화 과정 233

♥ **5일간 따라 써보는 감정 패턴 글쓰기** 238

선생님의 글쓰기 지도 Tip! 240

9장 한 가지 소재를 다양하게 확장하는 주제 패턴 글쓰기

글을 쓰는 아이는 모두 작가다 242

자신의 관심사에 맞춰 주제 선택하기 249

글쓰기의 내비게이션과 같은 제목 짓기 255

여러 편의 글을 엮어 책으로 만들기 260

주제 패턴 글쓰기 심화 과정 264

▲ **5일간 따라 써보는 주제 패턴 글쓰기** 266

선생님의 글쓰기 지도 Tip! 268

에필로그 우리 아이가 드디어 쓰기 시작했어요 270

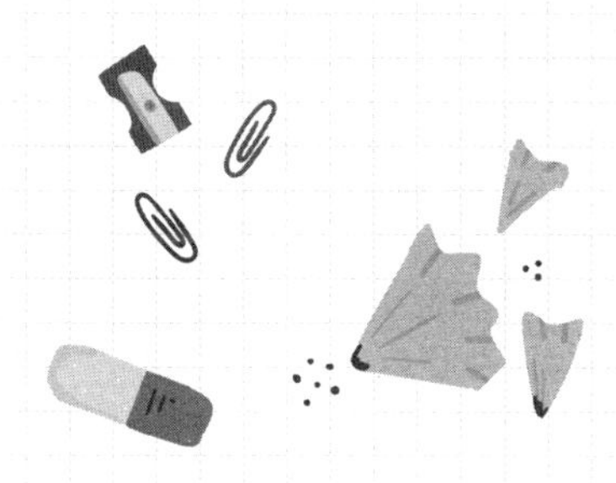

• 1부 •

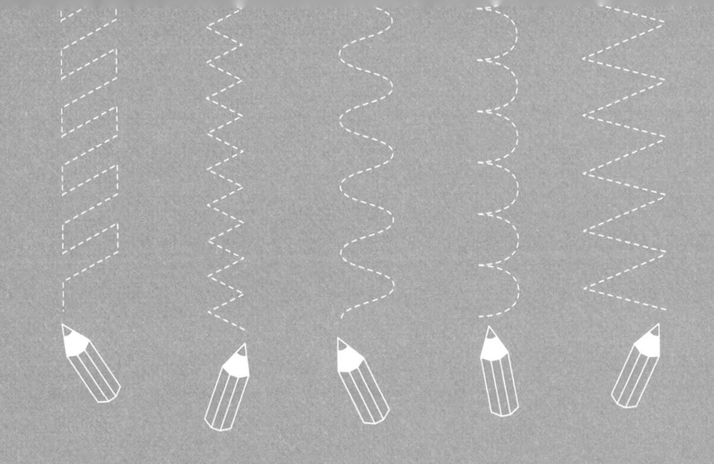

[기초편]

아이의 생각과 마음을 여는 즐거운 글쓰기

1장

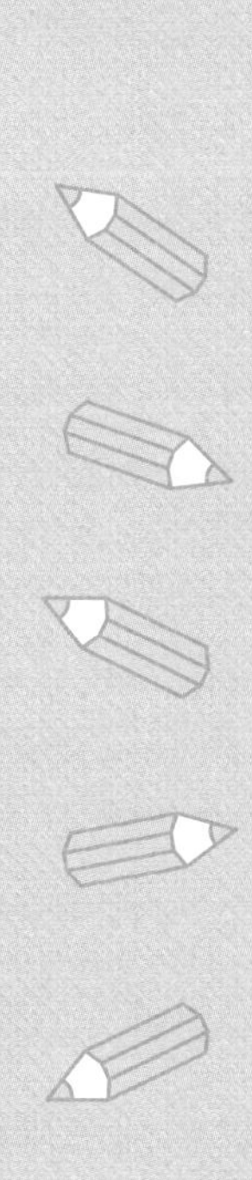

왜 초등학교 시기에 글쓰기를 해야 하는가?

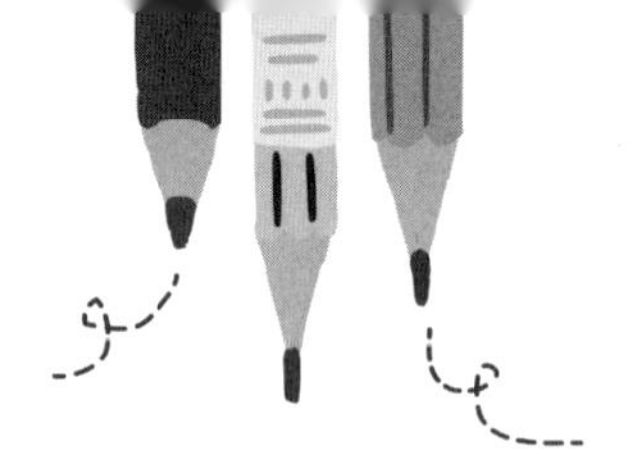

아이의 역량을 키우는 최고의 훈련법, 글쓰기

한 달 전, 대학생이던 큰아이가 군대에 갔습니다. 든 자리는 몰라도 난 자리는 안다는 속담처럼 중학생 둘째 딸과 초등생 막내아들이 있는데도 집이 텅 빈 느낌이 듭니다. 둘째와 막내는 별로 다투지도 않아 조용한 날을 보내고 있었습니다. 그러던 어느 날, 식탁에서 딸아이와 저녁을 먹고 있는데 퇴근해 돌아온 아내가 얼굴을 붉히며 화난 표정으로 들어왔습니다.

"잘 갔다 왔어요?"

"…."

아내는 대꾸도 없이 막내 방으로 곧장 들어갔습니다.

"왜 안 썼어!"

조수미도 울고 갈 소프라노 톤의 목소리가 방문을 뚫고 들려왔습니다. 일순간 딸과 식탁에서 나누던 대화도 멈췄습니다. 집 안에 적막이 흘렀죠. 눈치 빠른 딸아이는 밥을 뚝딱 해치우고는 얼른 자기 방으로 들어갔습니다. 아내의 일방적 호통이 멈추자 방문이 열리고 막내가 나왔습니다. 닭똥 같은 눈물이 금방이라도 흘러내릴 듯했습니다. 화난 아내에게 들리지 않게 막내에게 말했습니다.

"엄마가 화내시지 않게 일기는 미리미리 써놔야지."

막내는 눈물이 그렁그렁한 채로 대답했습니다.

"쓸 게 없었어요. 일기 쓰는 게 재미도 없어서 자꾸 까먹어요."

아이가 일기 쓰는 것에 관심을 가져달라는 선생님의 문자에 아내가 화난 것도 이해가 됩니다. 한편 쓸거리도 없고, 글쓰기 자체를 하기 싫은 숙제로 생각하는 막내가 일기 쓰기를 버거워하고 있었다는 것을 깨닫게 됐습니다.

왜 아이들에게 글쓰기가 중요한가?

한바탕 소란을 겪고서 막내는 마지못해 일기를 쓰기 시작했습니다.

'왜 학교에서 글쓰기를 강조할까?'

'왜 아이들에게 글쓰기가 중요할까?'

'우리 아이가 글쓰기를 제대로 하고 있는 걸까?'

글을 쓰고 있는 아이를 바라보며 많은 질문이 떠올랐습니다. 억지로 일기를 써야 하는 막내가 안쓰럽기도 했지만 학교에서 글쓰기를 강조하는 것은 그만큼 큰 효과가 있기 때문입니다.

일단 글쓰기는 생각을 정리하는 데 탁월한 도움을 줍니다. 모호한 것도 글로 적다 보면 구체적으로 정리되기 때문입니다. 또 글로 쓰면 기억에도 오래 남습니다. 시험공부를 할 때도 종이에 쓰면서 외웠던 경험이 있을 겁니다. 글쓰기는 뇌, 손 그리고 온몸을 움직여 기억하는 과정이라 할 수 있습니다.

생각 정리와 기억을 오래할 수 있다는 장점만 있는 게 아닙니다. 글을 많이 써본 아이는 문장을 해석하는 문해력이 좋아 서술형 문제를 손쉽게 풉니다. 물론 문장력도 좋아지죠. 학교 공부뿐만 아니라 자기 생각을 글로 표현하는 데도 익숙해집니다. 창의적이고 상상력이 풍부한 아이로도 성장할 수 있습니다.

글쓰기의 핵심적인 장점은 또 있습니다. 아이들이 자신의 감정을 글로 표현하면 정서적으로 도움이 됩니다. 글쓰기를 통해 자기 내면과 대화를 하면서 차분함을 유지하는 법도 배우게 됩니다.

글쓰기를 좋아하는 아이 vs 글쓰기를 힘들어하는 아이

아이들이 글쓰기를 하면 좋은 이유를 생각하니 장점이 너무 많아 놀랄 정도였습니다. 문제는 공부에도 도움이 되고, 이해력을 높여주는 데도 불구하고 많은 아이가 글쓰기를 귀찮아하고 힘들어한다는 사실입니다. 만약 아이가 글쓰기를 좋아한다면 고민할 일이 없습니다. 매일 일어나는 일상 속에서 글감을 찾아 일기를 적극적으로 쓸 것입니다. 글쓰기를 좋아하는 아이와 싫어하는 아이의 차이는 무엇일까요?

글쓰기를 좋아하는 아이들에겐 공통점이 있습니다. 무엇이든 유심히 살펴본다는 것이죠. 일기를 꼬박꼬박 쓰는 아이들은 우선 그날 일어난 일이 무엇인지를 꼼꼼히 떠올려보고 그것을 글로 표현합니다. 글쓰기를 좋아하는 아이는 그날 학교에서 점심시간에 먹었던 음식과 맛을 세밀하게 적을 수 있습니다. 글쓰기를 좋아한다는 것은 구체적인 묘사 능력을 함께 가지고 있다는 말입니다. 글로 묘사하는 과정에서 아이의 생각 또한 확장됩니다.

반대로 글쓰기를 힘들어하는 아이는 그날에 특별한 사건이 없다면 무엇을 써야 하는지 막연해하곤 합니다. 그렇다고 해서 옆에서 부모가 글쓰기를 위한 글감을 던져주면 아이의 사고력을 키울 수 없습니다. 글쓰기는 아이가 써야 하기에 일일이 가르쳐줄 수 없습니다. 아이가 스스로 글쓰기를 좋아하게 만드는 것이 중요합니다.

비록 엄마에게 혼이 나긴 했지만, 우리집 막내도 일기를 쓰긴 썼습니다. 막내가 무엇을 썼는지 궁금해 물어봤습니다.

"그냥 학교 운동장에서 공 차며 놀았던 거 적었어요."

"골도 넣었어?"

"아뇨, 골키퍼였어요."

저는 엄마에게 혼이 나 풀이 죽은 막내를 위해 일기에는 지금처럼 가족들이 대화하는 내용을 써도 괜찮다고 말해줬습니다. 꼭 그날의 일을 묘사하는 형식이 아니어도 좋고, 대화의 형식이어도 좋고, 특별한 형식에 얽매이지 않아도 좋다는 것을 알려주고 싶었습니다. 또 특별한 일이 아니어도 괜찮다고 말해줬습니다.

"공 찰 때 골키퍼 하기 싫은 생각을 써도 돼요?"

"괜찮아. 네가 생각한 것이면 무엇이든 써도 좋아."

사전에는 일기를 "날마다 그날그날 겪은 일이나 생각, 느낌 따위를 적는 개인의 기록"이라고 풀이해놓았습니다. 그날에 일어난 일뿐 아니라 느낀 점을 써도 괜찮습니다. 바람을 맞으며 든 감정이나 생각을 써도 좋다는 말입니다.

돌이켜보니 아이에게 일기를 꼭 써야 한다고만 했을 뿐, 어떻게 쓰는지를 말해준 적이 없었습니다. 그저 책을 많이 읽어야 한다는 것과 다를 바 없이 말해줬던 것입니다. 왜 일기를 써야 하고, 왜 글쓰기가 필요하며, 어떻게 글을 쓰는지에 대해 막내와 한 번도 이야기해보지 않았다는 것을 이번 기회를 통해 알게 됐습니다.

보통 아이가 글을 쓰지 않으면 부모가 하는 말은 뻔합니다. "오늘 무슨 일이 있었어?"라고 물어보며 글쓰기를 독촉하는 것이 전부입니다. 글쓰기는 대신 해줄 수 없습니다. 글은 아이의 내면에서부터 나와야 하는 것입니다. 아무리 부모라도 아이를 대신할 수 없는 일이죠. 아이들의 글쓰기는 자신의 생각과 경험을 써 내려가는 것부터 시작해야 합니다. 글쓰기를 좋아하고 자주 쓰는 아이일수록 자신의 경험과 생각을 다양하게 표현할 줄 안다는 말입니다. 지금 우리 아이는 자신만의 생각을 글로 옮기는 능력을 갖고 있는지 살펴보시길 바랍니다.

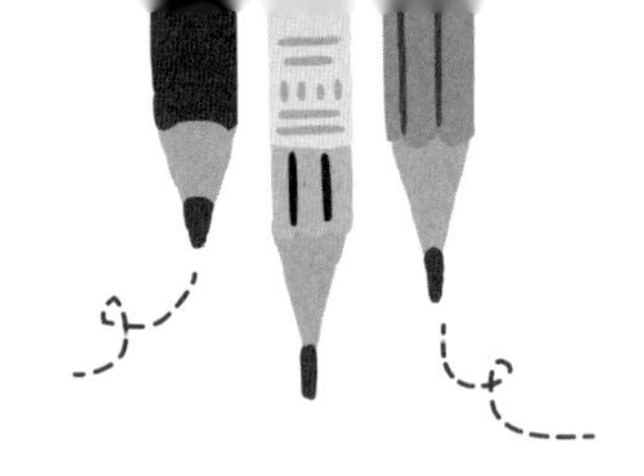

글쓰기는 아이의 생각을 구체화한다

글쓰기가 가져다주는 장점은 많습니다. 특히 AI 시대, 4차 산업혁명 시대를 대비해 아이들에게 꼭 필요한 능력은 스스로 생각하는 힘입니다. 평소 글쓰기 습관이 잘 잡힌 아이일수록 스스로 생각하는 힘이 뛰어납니다.

입시에 집중을 하게 되는 중고등 과정보다 초등 과정에서의 글쓰기가 더 절실히 필요한 시대입니다. 하지만 절대로 아이들에게 글쓰기를 강요해선 안 됩니다. '답은 정해져 있고 너는 대답만 하면 돼'라는 의미를 가진 신조어처럼 아이들에게 억지로 글을 쓰게 하면 오히려 역효과를 가져올 뿐입니다.

요즘 아이들은 책을 통해 지식을 얻기보다 유튜브 같은 온라인 동영상을 통해 정보를 얻는 걸 더 선호합니다. 하루가 다르게 많은 것이 변하고 있는 시대입니다. 수많은 정보와 유혹에 정신을 차리기 힘든 시대입니다. 미래가 전보다 더 빠르게 바뀌리라는 것에 의문을 제기할 사람은 없습니다. 터프츠대학교Tufts University의 리사 괄티에리Lisa Gualtieri 박사는 "미래 시대에 사람들이 심사숙고하는 능력을 잃어버릴 것"이라고 예측했다고 합니다. 미래의 모습을 떠올릴 때 복잡하게 생각할 것도 없습니다. 깊이 생각하지 못하는 우리의 현주소를 확인하려면 우리 손에 쥐여 있는 스마트폰만 떠올려도 충분합니다.

한 달간 매일 1시간씩 산책을 하며 운동과 사색을 한 적이 있었습니다. 그때 스마트폰을 들고 나가지 않기로 나 자신과 약속을 했습니다. 아무래도 손에 스마트폰을 들려 있으면 보지 않으려 해도 내 의지대로 되지 않기 때문이죠. 그 대신 주머니에 메모지만 넣고 산책을 했습니다. 당시 책을 쓰고 있을 때였는데, 한 달간 1시간만 스마트폰을 놓고 산책해도 집중력이 달라지는 것을 느꼈습니다. 글감도 많이 떠올랐고 집에 돌아와 글을 쓸 때도 더 집중할 수 있었습니다. 강제적일지라도 스마트폰으로부터 방해받지 않아야 집중력이 좋아지는 것을 경험하고 나자 스마트폰에 익숙해진 요즘 아이들은 글쓰기가 더 힘들겠다는 생각이 들었습니다.

빌 게이츠Bill Gates의 자녀 교육법을 살펴보면 스마트폰과 TV 시청을 금지했다는 대목에서 눈이 멈춥니다. 그는 자신의 자녀가 열네 살이 될 때까지 스마트폰과 TV 시청을 할 수 없도록 했다고 합니다. 마크 저커버그Mark Elliot Zuckerberg도 자신의 딸이 열세 살이 될 때까지 페이스북을 사용하지 못하게 할 것이라고 말했다고 하죠. 빌 게이츠나 마크 저커버그처럼 아이를 통제하지 못할 경우 글쓰기를 잘하도록 가르치는 것만으로도 집중력을 키울 수 있습니다. 글을 쓰는 시간만큼은 온 정신을 연필 끝에 쏟아야 하기 때문입니다. 특히 산만한 아이라면 그 효과가 더욱 극적입니다.

아이들이 깊이 생각하는 습관을 기르기 위해서라도 적극적으로 글쓰기에 익숙해지도록 해야 합니다. 아이들이 글을 써야 하는 환경에 자주 노출되면 스스로 생각하고 판단하는 힘을 키울 수 있습니다. 글쓰기를 단순히 문장을 잘 쓰기 위한 수단으로 접근하면 안 됩니다. 자신이 무엇을 원하고 있으며, 그것을 이루기 위해서는 또 무엇이 필요한지를 스스로 생각하고 선택하는 힘. 이 능력을 키우기 위해서 글쓰기 습관은 선택이 아닌 필수가 돼야 합니다.

아이의 상상과 감정을 마음껏 표출하기

초등 글쓰기는 글로 표현할 수 있는 모든 것이어야 합니다. 그러기 위해서 즐기는 글을 자주 써보며 글쓰기 습관을 만드는 것이 필수 조건입니다. 하지만 글쓰기를 좋아하는 아이는 거의 없죠. 사실 엄마나 아빠 중에도 글쓰기를 좋아하는 분은 별로 없습니다. 아이의 생각을 글로 펼치기 위해서는 형식에 맞추기보다 떠오르는 생각을 자유분방하게 적는 것부터 시작해야 합니다. 연필을 들고 무엇이든 끄적거려보는 환경을 만들어줘야 합니다.

송숙희 작가가 쓴 『150년 하버드 글쓰기 비법』(유노북스, 2018)에서 하버드생들이 졸업할 때까지 써 내는 글을 종이 무게로 환산하면 50킬로그램 정도 된다고 합니다. 교육부에서 발표한 2018년도 학생 건강검사 표본통계에 따르면 6학년 초등학교 남자아이 몸무게가 49킬로그램입니다. 즉 6학년 남자아이 몸무게보다 많이 나가는 분량의 종이를 소비하며 글을 썼다는 말입니다. 하버드에서 글쓰기를 중요하게 생각하는 것은 알았어도 그들이 쓴 분량에 놀라고 말았습니다.

그럼 왜 그들은 그토록 글쓰기에 집중할까요? 하버드에서는 논리적 글쓰기를 통해 자기 주장을 다른 사람에게 설득력 있게 전달하는 법을 가르친다고 합니다. 입학해서 졸업하기까지 엄청난 분량의 글을 쓰면서 자기 생각을 논리적으로 전달하는 연습을 하는 것이죠. 이를 통해 상대방의 마음을 움직이는 능력까지 얻게 됩니다. 하지만 무엇보다 대학 생활 내내 지속해서 쓴다는 것에 방점을 찍어야 합니다. 아무리 글쓰기 효과가 대단하다고 해도 꾸준히 지속할 때 비로소 결과를 얻을 수 있습니다.

하지만 하버드 글쓰기를 우리 아이들에게 적용하는 것은 조금 무리가 있습니다. 특히 논리적인 글쓰기를 집중적으로 연습하는 것을 따라 해보는 것은 아이가 글 쓰는 재미에 푹 빠진 이후에 시도해도 늦지 않습니다. 아이들이 재미를 느끼는 글쓰기는 논리적인 접근법보다는 상상과 감정을 활용하는 방식입니다. 특히 초등 글쓰기에서는 자유롭고 다양하게 써보는 것이 무엇보다 좋습니다. 글쓰기를 통해 자기 생각을 알아가는 것부터 출발해야 합니다. 그리고 한번 내딛는 걸음을 멈추지 말아야 합니다. 절대로 아이들의 글쓰기를 속도와 성과의 문제로 생각하지 마세요.

연필을 움직여야 생각하기 시작한다

제가 어릴 적 시골에 살 때는 집에서 콩나물을 키워 먹었습니다. 콩에 물만 줬을 뿐인데 자고 일어나면 콩나물이 쑥쑥 자라 있었습니다. 그것이 신기해서 어찌나 물을 자주 줬던지 어머니가 말릴 정도였죠. 아이들이 글쓰기를 지속하도록 이끄는 것도 콩나물을 키우는 마음처럼 접근해야 오래 지속할 수 있습니다. 일기든 글쓰기든 자주 써봐야 한다는 말입니다. 그렇게 물만 줘도 잘 자라던 콩나물도 하루 이틀 물을 주지 않으면 성장을 멈추고 이내 시들어버리거든요. 아이들도 지속적으로 글을 쓸 때 글쓰기를 통해 스스로 생각하는 힘을 갖게 됩니다.

정신현상의 한 종류인 작동흥분이론Work Excitement Theory이라는 개념이 있습니다. 독일의 정신의학자 에밀 크레펠린Emil Kraepelin이 밝혀낸 것으로, 신체가 일단 움직이기 시작하면 뇌의 측좌핵 부위가 흥분하기 시작해 귀찮고 하기 싫은 일에도 의욕이 생기고 집중하게 되는 현상입니다. 글쓰기에 비유하면 사소한 낙서라도 일단 아이가 스스로 쓰게 이끌면 마치 울산 바위처럼 무거웠던 아이의 연필이 움직이고 흥미도 갖는다는 말입니다.

예를 들어 매일 10분 글쓰기를 하든 그림을 그리든 노트를 펼치고 먼저 그 위에 적기 시작해야 한다는 것입니다. 글쓰기 수업 때 작동흥분이론을 적용해본 적이 많습니다. 글쓰기를 할 때 글감이 떠오르지 않거나 정말 글을 쓰기 싫어하는 아이들이 있습니다. 그때는 완성된 문장을 적는 게 아니라 아무 말 대잔치처럼 어떤 것이든 써보게 합니다. 그래도 쓸 게 없다고 대답하는 아이들은 평소 친구와 대화한 것을 적게 합니다. 그러면 신기하게도 글쓰기를 시작합니다. 단지 연필을 움직여 아무 글이나 써보게 한 것뿐인데도 글자를 종이에 적으면 귀찮아하던 마음이 조금씩 변하기 때문입니다. 스스로 생각하는 힘을 키우기 위해서라면 짧은 시간이라도 형식에 얽매이지 말고 일단 글쓰기를 자주 해보는 것이 중요합니다. 글쓰기를 통해 일상이 바뀌어야 스스로 생각하는 힘도 자랍니다.

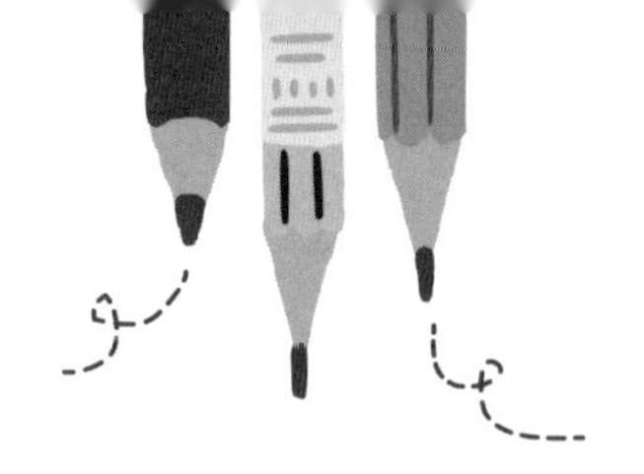

아이의 창의력을 키우는 마중물

제목 : 만약에 머리카락이 없다면?

일상에서 머리카락은 우리에게 꼭 필요한 패션 아이템과 자존심이다. 머리를 묶기도 하고 머리카락을 염색하기도 한다. 그 머리카락에 대해서 칭찬을 받으면 이 세상이 날아갈 듯 기분이 좋아지는 날도 있다. 하지만 이렇게 우리 삶에 영향이 있는 머리카락이 없으면 우리 삶은 어떻게 될까? 매끈매끈한 머리를 서로 보면 거울도 필요 없지 않을까? 아니면 내가 좋아하는 전복이 머리에 붙어 있으면 먹고 싶을 때 뚝 떼어 먹을 수도 있을 것 같다. 그때 인싸 아이템은 고동, 전복들일지도 모른다. 머리카락이 없으면 참 맛있는 삶이 될 것 같다. 머리카락이 없는 삶은 끔찍할 것 같은데 생각해보니 좋은 점이 많은 것 같다.

다섯 가지 패턴 글쓰기 방식 중 질문 패턴 글쓰기 수업시간에 5학년 아이가 10분간 쓴 글입니다. 제가 놀란 것은 글의 재미도 재미지만, 글쓰기를 마친 뒤 아이가 한 말이었습니다. 글쓰기를 하고 나면 꼭 아이들에게 글을 쓰면서 어떤 생각이 들었는지 물어봅니다. 글쓰기 전과 후에 어떤 변화가 있었는지 스스로 느껴보게 하려는 목적이죠.

"생각하는 관점이 달라졌어요."

"관점이 달라졌다고?"

"글쓰기를 통해 상상해보면서 저도 몰랐던 생각을 할 수 있었어요."

"와! 멋진데."

'만약에 머리카락이 없다면?'을 쓴 아이가 똑 부러지는 대답을 했습니다. 관점이 달라졌다는 말을 듣자마자 아이를 다시 한 번 쳐다보게 됐습니다. 어른들도 관점이 달라졌다는 표현을 잘하지 못하는데 초등학교 5학년이 맞는지 의심이 될 정도였으니까요.

창의력을 높이는 데는 여러 방법이 있습니다. 그중 제가 생각하는 가장 좋은 방법은 낯설게 보는 능력을 키우는 것입니다. 낯설게 보기는 생각보다 쉽지 않습니다. 평소 보고 듣고 경험하는 것을 다른 관점에서 바라보려면 상상력이 필요하기 때문입니다. 색다르게 관찰하는 습관도 있어야 하죠. 하지만 글쓰기에 익숙해진 아이는 아무렇지 않게 말합니다. 관점이 달라졌다는 것은 낯설게 봤다는 말입니다.

글의 제목도 스스로 만들었다고 합니다. 머리카락이 없다면 끔찍할 것이라는 생각에서 출발했는데, 이는 아이 스스로 손바닥 뒤집듯 글쓰기를 통해 세상을 낯설게 보는 것을 실천하고 있다는 말입니다. 글쓰기를 통해 이런저런 생각을 끄집어내고 상상하며 좋은 점도 발견하면서 다르게 보는 능력을 만들어낸 것이죠. 아이에게서 관점(생각)이 달라졌다는 말을 듣고는 글쓰기가 창의력을 만드는 데 강력한 도구라는 사실을 다시 한 번 깨닫게 됐습니다.

아이의 창의력과 상상력을 자극하는 훌륭한 도구

아이들에게 글쓰기란 마치 여행과도 같습니다. 지금 있는 곳과 다른 낯선 곳으로 떠나는 여행 말이죠. 아이에게 글쓰기 습관이 생기면 하루하루 새로운 곳을 향해 언제든 여행을 떠나는 것과 같은 경험을 할 수 있습니다. 여행을 떠나기 전에 마음이 들뜨는 것처럼 글쓰기를 할 때도 들뜬 감정이 들어야 합니다. 그러려면 즐겁게 글을 쓸 수 있는 여건을 만들어주는 것이 중요합니다. 이때 형식적인 글쓰기보다 즐거운 글쓰기를 경험하며 창의력과 상상력을 더욱 향상시킬 수 있습니다.

초등 글쓰기가 중요한 이유 중 하나가 바로 창의적인 아이로 성장시켜주는 과정이라는 것입니다. 세상의 모든 부모가 바라는 일이기도 하죠. 우리 아이가 남다르게 생각하고 다양한 관점을 가질 수 있다면 싫어할 부모가 있을까요? 어느 부모라도 아이의 창의적 능력을 키우는 방법을 알려주는 곳이 있다면 앞다투어 달려갈 것입니다. 하지만 걱정 마세요. 아주 가까운 곳에 그 해답이 있습니다. 아이의 마음속에 있는 창의력을 꺼내주는 도구가 지금 우리가 말하고 있는 글쓰기입니다.

창의력은 눈에 보이지 않습니다. 눈에 보이지 않기에 가르치는 것을 더욱 어렵게 만들죠. 그만큼 적극적으로 다가가야 창의력을 키울 수 있습니다. 흥미롭게도 그 원리가 글쓰기에 모두 들어 있습니다. 간혹 어떤 부모들은 아이들이 꼭 글쓰기를 해야 하는지 궁금해하며 그 필요성을 절실히 느끼지 못한다고 말합니다. 하지만 글쓰기는 아이의 창의성과 상상력을 극대화해주는 훌륭한 도구라는 사실만으로 충분히 익혀야 할 만한 가치가 있습니다.

글쓰기는 누가 가르친다고 해서 내 것이 되지 않습니다. 부모는 그저 아이 옆에서 환경을 만들어주는 역할을 할 뿐입니다. 결국 아이 스스로 글을 써야 하고 아이 스스로 적극적으로 생각해야만 글쓰기를 할 수 있습니다. 적극적으로 생각한다는 의미는 현재 자신의 생각과 글을 통해 세상을 다르게 보려는 힘을 갖게 된다는 것입니다. 이 과정에서 아이들은 낯선 것을 다양하게 받아들이고 생각하는 힘을 키우게 됩니다. 다시 말해 글쓰기를 통해 눈에 보이지 않는 창의력을 발견할 수 있습니다.

창의력은 후천적으로 길러진다

창의력과 밀접한 관련이 있는 글쓰기의 중요성은 아무리 강조해도 부족합니다. 글쓰기가 멈추면 창의력도 멈춥니다. 반대로 글쓰기를 하면 창의력이 향상됩니다. 다행히 글쓰기는 후천적으로 만들어지는 재능이어서 창의성도 연습과 노력을 통해 향상시킬 수 있습니다. 따라서 아이의 창의력이 떨어진다고 고민할 필요가 없습니다. 아이가 재미를 느낄 수 있는 환경을 만들어주기만 하면 됩니다. 그 과정에서 아이가 글쓰기에 흥미와 즐거움을 느끼면 창의력이라는 선물을 받게 될 것입니다.

스위스 심리학자이자 아동 인지발달 연구의 선구자로 불리는 장 피아제Jean Piaget는 "어린 시절은 인간으로서의 삶에서 가장 창의적인 시간"이라고 말했습니다. 그는 인지발달 단계를 4가지로 구분했습니다. 1단계인 감각동작기(0~2세) 때에는 사물을 자기중심적으로 파악하고, 2단계 전조작기(2~7세)와 3단계 구체적 조작기(7~11세)를 지나 4단계인 형식적 조작기(11~15세) 때에 이르면 사물을 인지하고 추상적인 사물에 대해 논리적으로 사고할 수 있다고 했습니다. 초등 글쓰기를 꾸준히 하는 것이 창의력을 키우는 데 중요한 역할을 할 수 있다는 주장과 일맥상통합니다. 그만큼 초등학교 시절은 글쓰기를 통해 낯선 생각을 떠올리고, 상상력을 키우는 데 꼭 필요한 시기입니다.

미국의 시인이자 인권운동가인 마야 안젤루Maya Angelou 역시 "창의성은 고갈되지 않는다. 쓰면 쓸수록 더 많아진다."라고 말했습니다. 그리고 글쓰기는 아이들의 마음속에 깃든 창의성이라는 마르지 않는 옹달샘에서 물을 퍼내는 그릇 같은 역할을 합니다.

아이들에게 글쓰기란 취미 이상의 결과를 가져다주는 과정입니다.

스스로 생각하는 아이, 창의력을 가진 아이로 성장하는 데 필수 불가결한 요소라 할 수 있죠. 창의력 향상의 관점에서만 따져봐도 초등 글쓰기가 왜 필요한지에 대해 의문을 제기할 필요가 없습니다. 창의적인 생각을 잘하는 아이일수록 글로 다양하게 표현할 수 있습니다. 우리 아이들이 글쓰기를 통해 낯선 세계를 여행하는 모험가가 되도록 도와줄 준비가 되셨나요?

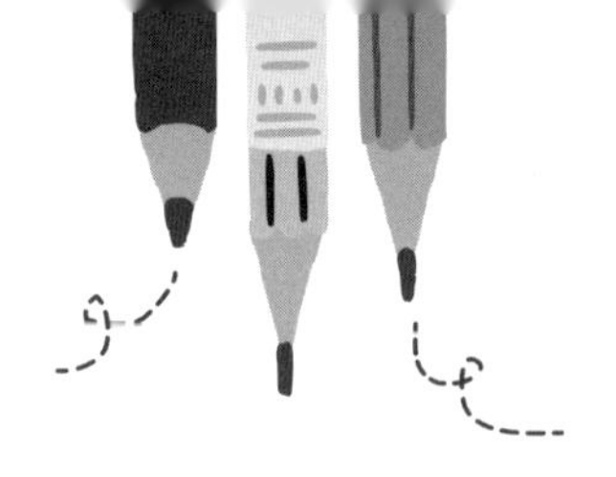

글을 고치며 마음도 고친다

법정 스님이 쓴 『영혼의 모음』(샘터, 2002)에 다음과 같은 문장이 나옵니다.

"꽃가지를 스쳐 오는 바람결처럼 향기롭고 아름다운 말만 써도 다 못하고 죽을 우리인데."

잠시 읽던 것을 멈추고 한참을 들여다봤습니다. 말에서 꽃향기가 난다면 얼마나 향기로울지 궁금해졌습니다. 그런 사람이 있다면 당장 달려가 사귀고 싶을 것 같다는 생각이 들었습니다. 하지만 우리는 일상에서 거친 말도 서슴없이 내뱉죠. 간혹 욕을 듣는 경우도 있습니다. 그럴

수록 아름다운 말을 하려는 노력이 중요합니다.

글쓰기 수업을 하다 보면 아이들이 비속어나 욕을 쓰는 경우가 있습니다. 화난 감정을 쓰다 거친 말을 그대로 글에 옮겨 적기도 합니다. 그런데 신기하게도 글쓰기를 마치고 나면 아이들 스스로 다른 표현으로 고치는 경우가 많습니다. 자신이 의도하지 않아도 글쓰기에는 생각을 두 번 읽는 효과가 있기 때문입니다.

먼저 머릿속 생각을 종이에 글로 적을 때 눈으로 한 번 읽습니다. 다음으로 글쓰기를 끝내고 나서 자신의 글을 또 한 번 읽게 됩니다. 말은 입 밖으로 내뱉으면 주워 담을 수 없지만, 글은 고칠 수 있으니 이때 그 효과가 나타납니다. 보통 아이들은 자신의 감정을 글로 풀어낼 때 거침없이 쓰고서 다시 읽을 때 그 자리에서 문장이나 맞춤법을 잘 고치지 않습니다. 하지만 비속어나 욕은 다릅니다. 대부분 삭제하거나 다른 표현으로 바꿔 적는 편이죠. 이렇게 자신이 표현한 거친 말을 발견하고 다르게 고치는 과정이 아이들 정서에도 많은 도움을 줍니다. 아이들 말투에서도 조금씩 꽃향기가 날 수 있도록 도와주고요.

글을 쓴다는 것은 자기 생각을 밖으로 꺼내는 행위입니다. 즉 자기 내면과 만나는 시간이기도 합니다. 글쓰기가 필연적으로 자신과의 대화를 이끌어내기 때문이죠. 자신과 대화를 한다는 것은 그만큼 수없이 꿈틀거리며 만들어지는 감정을 만난다는 말이고요. 그래서 평소 글쓰기를 자주 하는 아이들을 보면 친구와 즐거웠던 감정을 글로 잘 표현합니다. 당연히 다투고 화가 났거나 기분이 좋지 않은 것도 글로 표현합니다. 처음에는 '즐겁다', '화났다' 정도로 표현하지만 글쓰기에 익숙해질수록 감정을 더욱 자세히 표현하는 아이로 성장합니다.

자신의 구체적인 감정을 글로 풀어낼 줄 아는 아이는 그만큼 다른 사람을 이해하는 폭도 넓습니다. 친구가 즐거워하거나 화를 낼 때 같은 상황에서 자신의 감정이 어땠는지를 잘 알고 있기에 그 마음을 헤아려 주는 아이로 자랍니다. 자신뿐만 아니라 상대를 알고 이해하며 배려하는 마음을 글쓰기를 통해 얻을 수 있는 것이죠. 아이들이 글을 써야 하는 이유로 이보다 더 큰 이유는 없을 겁니다.

자존감을 높여주는 글쓰기

아이의 감정은 비교 대상이 될 수 없습니다. 따라서 우리 아이가 느끼는 유일한 감정을 살피기 위한 방법으로써의 글쓰기는 빠질 수 없는 도구입니다. 아이들은 자신의 감정 덩어리를 만져보고 그것을 글쓰기로 옮기는 과정 속에서 자존감을 향상시킵니다. 자존감은 자기를 존중하는 마음에서부터 나오는 것이죠. 자존감이 낮다면 자신의 감정을 표현하는 글쓰기도 회피하게 됩니다. 글쓰기를 통해 자기 감정을 표현해 보는 시간을 많이 가질수록 자존감을 높이는 계기가 됩니다. 자신의 감정을 자기를 비롯해 다른 사람에게 공개하기 때문이죠. 그러면 자신의 감정을 회피하지 않고 자꾸 들여다보는 힘도 생깁니다.

한마디로 말해 글은 곧 그 아이입니다. 글쓰기를 통해 그 글을 쓴 아이가 고스란히 드러나는 법이니까요. 바꿔 말하면 글쓰기라는 행위에는 진실에 다가가려는 의도가 담겨 있습니다. 자신의 속마음을 숨기고 쓰는 글도 있겠지만 쓰다 보면 결국 아이들도 고유한 자신의 이야기를 글에 담게 됩니다. 글쓰기를 하면 할수록 아이들은 거창한 내용을 담기보다 진솔한 자신의 속마음을 적어나갈 것입니다.

아이의 미래는 글쓰기 습관에 달렸다

우리 아이들이 부모 나이가 되었을 때를 대비해 꼭 물려주고 싶은 인생의 선물을 생각해본 적이 있습니다. 바로 글쓰기였습니다. 제 아이들도 나이가 들어 지금의 제 나이가 되었을 때 글쓰기를 통해 삶을 통찰하며 살아가면 좋겠습니다.

긴 안목으로 보면 초등 글쓰기를 통해 글쓰기 습관을 만들어주는 과정이 조금은 다른 관점으로 보이기 시작합니다. 단순히 글을 잘 쓰기 위한 것만으로 보이지 않는다고 할까요? 글을 잘 쓰는 것보다 오히려 우리 아이가 글과 친구가 되고 자신의 내면과 토닥토닥 다투기도 하며 자신의 인생에 대해 성찰하는 사람이 되면 좋겠습니다. 그렇게 아이들의 삶이 항상 글쓰기와 함께하기 위해서는 부모의 관심이 무엇보다 필요합니다. 아이들이 글쓰기를 습관으로 만드는 데는 부모의 정성과 무한한 신뢰가 중요합니다.

『4차 산업혁명과 인간의 미래』(살림, 2018)를 쓴 최연구 한국과학창의재단 과학문화협력단장은 칼럼을 통해 다보스 포럼이 주목한 21세기 미래 인재를 위한 기술을 소개했습니다. 그중 읽고 쓸 줄 아는 문해력이 기초소양으로 포함돼 있었습니다. 바로 리터러시Literacy 능력을 키워야 한다는 말입니다. 리터러시는 문자화된 기록물을 통해 지식과 정보를 획득하고 이해할 수 있는 능력을 말합니다. 점점 더 빠르게 발전하고 복잡해지는 미래에 읽기와 글쓰기는 빼놓을 수 없는 능력입니다. 따라서 우리 아이가 살아갈 미래를 대비한 첫걸음은 글쓰기 습관을 만들어주는 것입니다. 미래에 필요한 기초소양 능력인 글쓰기를 통해 아이들은 어디서나 필요한 인재로 살아가는 힘을 얻을 것입니다.

2장

아이의 글쓰기 장벽을 허무는 여섯 가지 방법

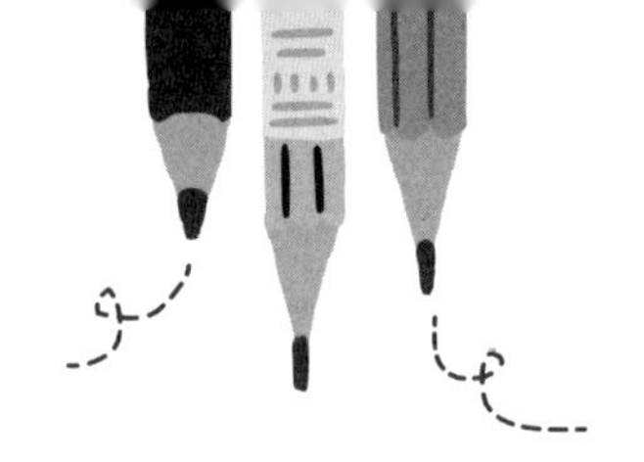

글쓰기 부담을 주는 요인을 제거하라

아이들과 글쓰기 수업을 할 때 였습니다. 본격적인 수업을 시작도 하지 않았는데 아이들 얼굴은 숙제를 한 아름 받아 든 표정이었습니다. 그럴 때 아이들의 관심을 집중시키는 한 가지 묘수가 있습니다. 실제로 제 수업을 참관했던 선생님들도 호기심에 자신들의 수업에 활용하기도 합니다. 수업에 집중을 하지 못하고 잡담만 늘어놓는 아이들을 집중시키려면 이 한마디면 됩니다.

"이름 쓰지 마세요."

그러면 아이들은 부담스러운 숙제 같은 글쓰기 수업인 줄만 알았다가 이내 안도하는 듯한 표정을 짓습니다. 단지 글쓰기 과제에 이름을 적지 말라고 한 것뿐인데, 그 한마디가 가져오는 파장은 큽니다. 일단 글쓰기에 임하는 아이들의 심리적 저항감을 확실하게 줄여주는 효과가 있습니다. 초등 글쓰기 수업이지만 이름을 쓰지 말라는 말을 들으면 함께 따라온 엄마나 아빠도 마음이 움직여 함께 글을 쓰는 경우도 많습니다. 자녀는 물론 부모까지 그 한마디 말에 긴장을 풀고 보다 적극적으로 수업에 참여하는 것이죠.

예전에는 글쓰기 수업을 할 때 글을 왜 써야 하며, 어떻게 하면 잘 쓸 수 있는지를 알려주는 데 급급했습니다. 또 글을 고칠 때 필요한 문장 배열이나 맞춤법과 같은 형식적인 것들에만 집중했었습니다. 하지만 아이들의 글은 갓 잡아 올린 물고기처럼 펄떡펄떡 뛰는 역동성을 가져야 합니다. 그러려면 선생님이나 부모님은 아이가 자신의 생각을 거침없이 꺼낼 수 있도록 옆에서 도와줘야 합니다. 아이가 알아듣지 못할 글의 형식적인 부분만 강조하면 아이는 점점 초점을 잃고, 하품으로 멋지게 반응할 겁니다.

아이가 자신의 생각을 글로 잘 표현할 수 있도록, 신나게 쓸 수 있도록 멍석을 깔아주는 게 중요합니다. 그래서 제 수업에서는 아이들이 부담 없이 뛰어놀 수 있도록 한마디를 덧붙입니다.

"글 쓰고 종이비행기로 만들어 날릴 거예요."

"그럼 누가 쓴 글인지 모르잖아요."

"그러니 떠오르는 생각을 마음껏 적어보세요."

연필을 손에 쥐고 글을 쓰기 시작하려는 아이들에게 한마디 더 했습니다.

"10분 동안만 쓸 거예요. 지우개가 있으면 필통에 넣어두세요."

"선생님, 지우개가 없으면 틀린 글은 어떻게 지워요?"

아이들은 연신 고개를 갸우뚱거리며 물어봅니다.

"연필로 슥슥 두 줄 긋고 계속 적으세요."

그러자 아이들의 손이 바삐 움직이기 시작합니다. 마치 누가 더 글을 많이 쓰는지 시합이라도 하듯 아이들은 쉴 새 없이 써 내려갑니다. 글쓰기에 집중하느라 조용한 가운데 연필이 종이 위를 뛰어다니는 소리가 마치 타악기 리듬처럼 들립니다. 간혹 이름을 적지 말고 부담 없이 쓰라고 해도 몇몇 아이는 연필을 손에 쥔 채 우물쭈물하기도 합니다. 하지만 다른 친구들이 분주히 무언가 적는 것을 보고는 이내 분위기에 휩쓸려 쓰기 시작합니다.

"맞춤법 틀려도 괜찮으니 생각나는 것이 있으면 멈추지 말고 계속 쓰세요."

글 쓰는 중간에 아이들을 독려하면 연필들이 뛰어다니는 소리가 더 크게 들립니다. 이렇게 자신의 이름을 쓰지 않고 부담감 없는 글쓰기를 하고 나면 아이들은 시간이 어떻게 지나갔는지 모르겠다고 말합니다. 그리고 처음에 약속한 것처럼 아이들이 글을 쓴 종이를 옆 친구에게도 보여주지 않고 바로 종이비행기로 만듭니다.

"종이비행기를 머리 위로 높게 들고, '하나, 둘, 셋!'을 세면 다 같이 앞을 향해 힘차게 던지는 거예요."

"네."

아이들은 '셋!'이라는 구령에 맞춰 종이비행기를 힘차게 던집니다. 종이비행기들은 사방으로 곡선을 그리며 비행을 하다 바닥에 떨어집니다. 그럼 각자 벌떡 자리에서 일어나 종이비행기를 하나씩 주워 다시 책상으로 돌아가 앉습니다. 아이들의 얼굴은 종이비행기 안에 어떤 글이 적혀 있을지 궁금해하는 표정으로 가득합니다. 이윽고 한 명씩 돌아가며 자신이 펼친 글을 소리 내어 읽습니다. 그러면 아이들은 누구의 글인지 알아내기 위해 숨을 죽이며 듣습니다. 눈치 빠른 아이는 글쓴이가 누구인지 안다는 듯 피식 웃기도 하고, 재미난 내용을 읽을 때면 글을 읽는 목소리가 커지기도 합니다.

글에 대한 저항감, 부담감, 자기 검열을 줄이는 저만의 방법입니다. 자신의 이름을 쓰지 않는 것만으로도 글쓰기를 방해하는 심리적 요인들이 많이 줄어듭니다. 간혹 10분간 썼다고 보기에는 분량이 너무 많아 놀라기도 합니다. 한 5학년 학생이 A4용지 한 장을 가득 채우고도 모자라 뒷장까지 적어냈던 것입니다. 그 정도면 성인도 10분 내에 쓰기 어려운 분량입니다. 그만큼 글쓰기에 몰입했다는 증거입니다.

그때부터 아이들이 형식에 얽매여 부자연스럽게 쓰지 않도록 도와줘야겠다는 목표가 생겼습니다. 그리고 글쓰기가 시작되면 아이들에게 이런 말을 하기 시작했습니다.

"맞춤법 틀려도 괜찮아요. 지금 쓰는 글이 맘에 안 들어도 괜찮아요. 끝나는 시간까지 멈추지 말고 계속 적어보세요."

잘 쓰는 것보다 즐겁게 쓰는 것이 중요하다

글쓰기 수업을 마치고 나면 선생님이나 부모님에게 아이가 쓴 글을 가지고 가실지 말지를 여쭤봅니다.

"아이에게 나눠주고 싶으면 가져가셔도 되고, 그렇지 않으면 제가 가져가겠습니다."

그러면 답변이 반반으로 나뉩니다.

"아이가 쓴 글이니 꼭 가져가야죠."

"작가님이 편하실 대로 하세요."

종이비행기를 접어 꼬깃꼬깃해진 종이를 모아 개선장군처럼 가져가는 선생님이 있는가 하면 미련 없이 두고 가는 선생님도 있었습니다. 아이들도 마찬가지였습니다. 몇몇 아이는 자신이 쓴 글을 가져가기도 했지만, 대부분 언제든 마음만 먹으면 쓸 수 있다는 자신감이 생겼는지 관심조차 갖지 않았습니다. 글쓰기에 부담감을 갖기는커녕 오히려 글쓰기를 만만하게 생각하는 것 같았습니다.

정확히 제가 의도한 바였습니다. 아이들은 이름도 쓰지 않았고, 틀려도 지우개로 지우지 않았고, 쓰고 난 후에는 자신의 글을 담은 종이를 미련 없이 종이비행기로 만들어 날렸습니다. 잘 쓰고 못 쓰고를 떠나 놀이로 글쓰기를 경험한 것입니다. 이렇게 이름 쓰는 것만 없애도 아이들은 글쓰기를 좋아할 가능성이 커집니다.

누구나 처음부터 잘 쓸 수 없을 테죠. 글을 좀 엉성하게 쓰면 또 어떻습니까. 누구나 글쓰기가 좋다는 사실은 알고 있습니다. 그만큼 글쓰기 부담을 줄여줘야 아이들도 즐겁게 글을 쓸 수 있습니다. 글 쓰는 것이 놀이터에서 노는 놀이처럼 즐거워지면 아이들에게 쓰지 못하게 말려도 씁니다. 아이에게 글쓰기를 가르치려 할 때 복잡하게 생각하지 마세요. 무엇보다 아이들이 가볍고 경쾌하게 글쓰기를 시작하면 좋겠습니다.

종이비행기를 이용한 쓰기 놀이

❶ 글쓰기를 시작하기 전에 먼저 종이비행기를 접는다.
❷ 종이를 다시 펼치고 종이 위에 쓰고 싶은 글을 적는다. 이때 이름을 적지 않아 누가 쓴 글인지 모르게 한다.
❸ 글을 다 적었으면 다시 종이비행기를 접어서 동시에 같은 방향으로 날린다.
❹ 가위바위보를 해서 이긴 사람이 가장 멀리 날아간 종이비행기에 적힌 글을 소리 내어 읽는다.

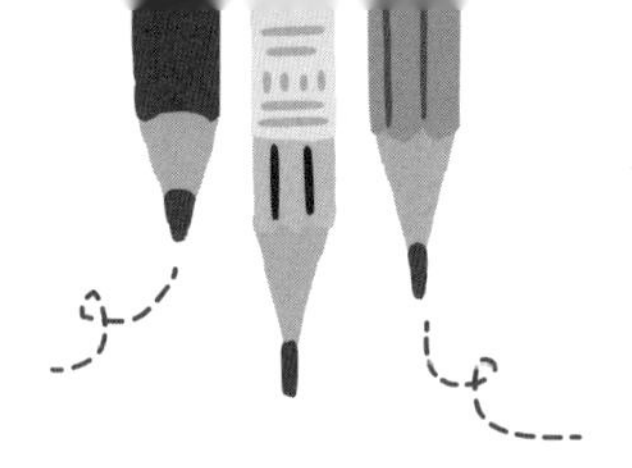

짧은 글이라도
자주 쓰는 습관을 들이자

아이가 평소에도 꾸준히 써야 진짜 글쓰기입니다. 학교와 학원에서 배우는 공부도 중요하지만, 아이들의 글쓰기는 '평소'에 방점을 찍어야 합니다. 단 한 줄을 쓴다 해도 마찬가지입니다. 글쓰기에 엄두를 내지 못한다면 메모로 끄적이며 시작해도 좋습니다.

왜 아이에게 글쓰기를 시키고 싶으냐고 물으면 답은 제각각입니다. 초등 저학년 부모 중에는 일기를 더 잘 쓰기를 바라는 분도 있고, 고학년 부모 중에는 서술형 시험을 대비하기 위한 목적을 말하는 분도 있습니다. 글쓰기를 통해 아이들은 다른 무엇보다 감정과 상상력을 키울 수 있습니다. 어휘력을 높일 수 있고, 정서에도 도움이 됩니다. 아이가 글을 쓰는 시간은 곧 자신을 발견하고 성장해가는 시간이니까요.

프랑스의 사상가이자 도덕주의자인 몽테뉴Michel De Montaigne는 "글을 잘 쓴다는 것은 잘 생각하는 것이다."라고 말했습니다. 하지만 현실에서 아이들은 누군가에게 보여준다는 전제하에 글을 씁니다. 일기를 떠올리면 금방 고개가 끄덕여질 겁니다.

일기는 원래 자신이 쓰고 읽는 글이기에 비밀스러운 이야기도 담을 수 있습니다. 하지만 학교에서 쓰는 일기는 자유로운 글쓰기가 아니라 선생님의 '참 잘했어요!' 도장을 받기 위한 숙제에 지나지 않습니다. 특히 방학일기가 대표적이죠. 방학 내내 밀린 내용을 쓰느라 정신없으니까요.

지금 생각하면 피식 웃음이 나기도 합니다. 웬만한 학생들의 일기를 비교해보면 대부분 비슷했습니다. 오늘 학교에 갔고, 점심이 맛있었으며, 저녁에 학원에 갔다가 집에 왔다는 식으로 의미 없이 반복적인 일상을 서술할 뿐이었죠. 만약 일기가 아닌 누구도 보지 않는 낙서장에 글을 썼다면 달라졌을까요? 그러면 아마도 정말 자신에게 일어난 사건을 쓸 것입니다. 지금의 감정 상태에 대해 쓸 것입니다. 글로 쓰다가 그림을 그리기도 할 것입니다. 누가 볼 것도 아니고, 무엇을 적어도 상관없기에 자신이 쓰고 싶은 걸 적을 겁니다.

숙제라는 의무감에 떠밀려 억지로 쓰는 평범한 일기보다는 평소 자발적인 글쓰기를 습관처럼 실천하는 것이 중요합니다. 평소에 글을 자주 쓰는지를 묻는 질문에 자신있게 "네."라고 대답하면 고민할 필요가 없습니다. 평소 끄적거리는 습관도 없는 아이라면 글쓰기의 중요성에 대해 피부로 느끼는 바도 없으니 시도조차 하지 않을 겁니다. 여러분의 아이는 글쓰기에 대해 어떤 마음을 갖고 있는지 한번 확인해보세요.

글쓰기가 어렵게 느껴지는 이유

초등 글쓰기를 통해 아이가 글쓰기와 친해지길 바란다면 아이가 힘들어하는 요소를 없애줘야 합니다. 우선 글을 만만하게 느끼도록 해줘야 합니다. 특히 자신이 처한 여건에 구애받지 않고 머릿속 생각을 글로 적는 습관을 키워줘야 합니다. 시간이 나면 꼭 글을 쓰겠다는 각오는 결국 못 쓰겠다는 결심을 굳히는 것과 같습니다.

글쓰기 비법은 정말 간단합니다. 자주 써보는 것뿐입니다. 꼭 학교에서 집으로 돌아와 시간이 있을 때 쓰지 않아도 됩니다. 숙제를 마치고, 학원을 갔다 와서 글쓰기를 해야 한다는 것은 고정관념일 뿐입니다. 즉 글쓰기는 평소 수시로 해야 합니다.

자주 쓴다는 의미는 일상생활에서 취미처럼 쓰는 것을 말합니다. 아이들이 수시로 떠올리는 생각을 단 몇 초 만에 적은 한 문장이어도 괜찮습니다. 분명 아이들 중에는 글을 잘 쓰는 소수의 아이들이 있습니다. 하지만 그런 특출난 아이보다 평소 자주 글쓰기를 하는 아이를 더 부러워해야 합니다.

아이 손바닥 크기의 포스트잇 활용하기

아이가 평소 글쓰기를 할 수 있는 환경을 만들어주려면 어떻게 해야 할까요? 저는 포스트잇 글쓰기를 추천합니다. 포스트잇 글쓰기는 간편한 만큼 글쓰기 습관을 만들기에 효과적입니다. 또한 일단 가방이든 주머니든 아이가 포스트잇을 쉽게 가지고 다닐 수 있다는 장점이 있습니다. 종이의 크기도 아이들 손바닥 크기 정도밖에 안 돼 글쓰기 부담도 줄여줍니다.

처음에는 메모하는 것인지 글쓰기를 하는 것인지 구별이 잘 되지 않지만 걱정할 것 없습니다. 평소 머릿속에 떠오르는 생각을 메모처럼 즉시 적어보기만 해도 글쓰기 습관을 만드는 데 효과적이기 때문이죠. 적을 것이 많아지면 포스트잇 여러 장에 나눠 적어도 됩니다. 나중에 포스트잇에 쓴 내용을 옮겨 적거나 더 자세히 적다 보면 새로운 글도 쓸 수 있습니다.

언젠가 막내가 친구와 전화 통화를 하다 '아~!' 하는 짧은 한숨을 내쉬더니 아쉬운 표정을 짓고는 학원에 갔습니다. 친구와 다투었는지 걱정돼 저녁 식사 때 아이에게 물어봤습니다.

"무슨 일 있니? 아까 학원 갈 때 고민이 있는 것 같아서…."

"동현이가 배드민턴 치자고 했는데 학원 가야 해서 속상했어요."

"주말에 동현이에게 배드민턴장에 가자고 해. 아빠가 데려다줄게."

"사실은 엄마가 저번 주 사준 배드민턴 라켓으로 쳐보고 싶어서 더 속상했어요."

만약 막내가 학원 가는 차 안에서 포스트잇에 그때의 감정을 적었다면 좋았을 거라는 생각이 들었습니다. 그래서 아이에게 포스트잇을 내밀며 학원 갈 때 감정을 글로 적어보게 했습니다.

제목 : 학원 가는 길에서
동현이가 배드민턴을 치자고 전화를 했다.
그러나 나는 지금 학원에 가는 중이다.
1시간 뒤에 놀자고 했더니 동현이가 안 된다고 한다.
지난 토요일에 엄마가 새로 사준 배드민턴 라켓이 집에서 울고 있다.

막내가 적은 "배드민턴 라켓이 집에서 울고 있다."라는 표현을 보고 놀랐습니다. 짧은 글이었음에도 감정을 잘 표현해냈더군요. 이처럼 평소 떠오르는 생각과 감정을 즉흥적으로 적는 습관을 들이는 것이 아이의 글쓰기에 매우 중요한 요소 중 하나입니다. 노트에 적어도 좋고, 메모 수첩에 적어도 좋습니다. 특히 포스트잇을 이용하면 언제든 짧은 글을 쓸 수 있는 훌륭한 환경을 만들 수 있습니다.

글쓰기를 방해하는 가장 위험한 적은 거창함입니다. 글을 쓸 때 머릿속에서 '글=거창함'이라는 생각만 없애면 학원 가는 차 안에서 포스트잇에 "배드민턴이 너무 치고 싶다."라고 메모처럼 짧은 내용의 글을 적을 수 있습니다. 그러고 나서 집에 돌아와 메모를 보고 일기를 쓸 수도 있습니다. 글쓰기 노트에 적을 수도 있고, 그대로 한 줄 메모로 남길 수도 있습니다. 아이가 글 쓰는 것을 거창하게 생각하지 않도록 알려줘야 합니다. 그런 도움이 평소 글쓰기를 하는 아이로 거듭나게 하는 첫걸음입니다.

세상에 완벽한 글은 없습니다. 평소 아이가 어떤 글이든 쓸 수 있도록 부모가 관심을 가지고 응원해줘야 합니다. 대단한 관심과 응원이 필요한 것도 아닙니다. 그저 아이에게 오늘은 어떤 글을 썼는지 물어봐주고, 멋진 글이라고 칭찬을 자주 해주면 충분합니다. 삐뚤빼뚤 어설프게 쓴 글이라도 부모가 칭찬해주면 아이는 또 글을 쓰고 싶은 마음이 생깁니다.

백문불여일견(百聞不如一見), 백번 듣는 것보다 한 번 보는 게 낫다는 뜻처럼 글쓰기도 마찬가지입니다. 백번 말하는 것보다 서툴러도 한 번 써보는 게 낫습니다. 포스트잇에 적은 한 문장짜리 짧은 글도 좋고, 긴 글도 좋습니다. 아이가 평소 글을 쓰는 것에 익숙해질 수 있는 환경을 만들어주고 자주 쓰게 돕는 것. 이것이 초등 글쓰기 비법입니다.

포스트잇을 이용한 쓰기 놀이

❶ 가족이 매주 정한 요일에 짧은 글을 써서 냉장고나 정해진 곳에 붙여놓는다.
❷ 횟수는 일주일에 1~2회 정도면 충분하다.
❸ 매월 마지막 주에 가족 모두 포스트잇 글쓰기에 성공하면 축하파티를 한다. 예를 들어 치킨이나 피자 먹기, 책 선물하기 등으로 서로를 축하한다.

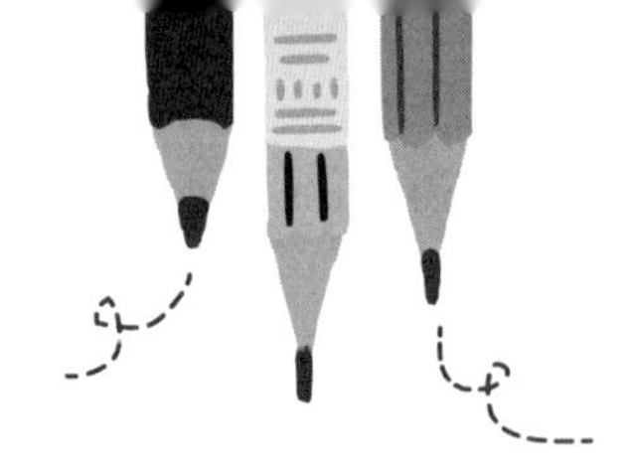

아이에게 필요한 건
평가보다 칭찬이다

제가 진행하는 글쓰기 수업에는 부모와 자녀가 함께 참여합니다. 아이의 글쓰기 수업을 듣다 보면 부모님들도 흥미를 가지고 글을 쓰기 시작하죠. 그런데 한 수업에서 아이들이 쓰고 발표한 글을 담은 종이를 모으고 있는데, 문장에 동그라미가 두 개 그려진 종이를 발견했습니다. 이유가 궁금해 그 글을 쓴 아이에게 물어봤습니다.

"왜 글에 동그라미를 그려놨어요?"

"…."

아이는 대답하지 않았습니다. 글쓰기 수업에 참여한 아이의 부모님이 대신 대답했습니다.

"맞춤법이 틀려 제가 표시해줬습니다."

아이가 쓴 글을 옆에서 보다가 맞춤법이 틀린 것을 발견하고는 무심코 한 행동입니다. 하지만 주의해야 합니다. 자칫 자신의 글에 동그라미 친 것을 본 아이가 위축될 수도 있으니까요.

창문은 (네모나코) 구름 사이로 들어오는 햇빛이…

동그라미가 그려진 부분을 들여다봤습니다. 아이가 쓴 문장 중에서 '네모나코'에 표시를 해뒀더군요. 10분이라는 짧은 시간에 멈추지 않고 쓰다 보니 창이 사각 모양이라는 표현을 '네모나코'라고 적은 것이었습니다.

아이가 글쓰기에 빠져 신나게 적고 있을 때 이처럼 동그라미를 그려넣는 순간, 아이는 쓰던 글을 멈춰버리게 됩니다. 맞춤법이 틀렸다고 알려주는 것을 당연하게 생각하면 자칫 역효과가 날 수 있습니다. 제 경험상 평가를 앞세운 글쓰기는 아이들의 흥미에 찬물을 끼얹는 역할을 할 가능성이 큽니다.

아이들의 글쓰기는 조금 긴 호흡으로 바라봐야 합니다. 아이가 쓴 글을 아이 스스로 고치는 능력을 키울 수 있도록 옆에서 기다려줘야 합니다. 특히 글쓰기를 하는 동안에는 알려주지 않는 것이 좋습니다. 맞춤법도 띄어쓰기도 틀리면 어떻습니까. 멈추지 않고 계속 글을 써보는 경험을 하는 것이 더 중요합니다.

맞춤법은 글쓰기 부담감이 된다

초등 글쓰기는 평가로부터 과감하게 벗어나야 합니다. 처음 글쓰기를 시작할 때는 글을 쓰는 모습이 멋져 보인다는 칭찬 한마디면 충분합니다. 아이들은 글을 쓰며 순식간에 우주로 날아갔다가 오기도 합니다. 그런 아이들이 상상의 나래를 펼치고 신나게 글쓰기를 할 때 옆에서 믿고 기다려줘야 합니다.

동그라미를 친 아버님께 여쭤봤습니다.

"만약 아이가 글을 쓰고 있는데 틀린 단어에 동그라미를 그려주면 어떻게 될까요?"

"고치겠죠."

"아이가 신나게 글을 쓰다 그걸 고치고 난 뒤에 다시 처음처럼 쓸 수 있을까요?"

"…."

자신의 글에 대해 지적을 받은 아이는 절대로 글을 처음 쓸 때 느꼈던 재미를 되찾을 수 없습니다. 창문을 보며 떠오르는 것들을 신나게 쓰던 흐름이 멈춰버리기 때문입니다. 심지어 자신이 쓴 글에서 맞춤법이 틀린 부분은 또 없는지 살펴보다 대부분 글쓰기를 중간에 포기해버리기도 합니다.

실제로 글쓰기 수업을 진행할 때 한 아이는 느티나무를 더 자세히 보려고 가까이 다가가다가 큰 통유리 창에 머리를 부딪히기도 했습니다. 그런데도 거미줄을 발견했다면서 신나게 글을 써 내려가더군요. 자신이 평소에 보지 못했던 것을 발견하고 그것을 적는 일에 몰두하다 보니 창문이 있다는 사실조차 잊어버리고 이마를 콩 하고 부딪혔던 것입니다. 그러고는 아무렇지 않은 척 머리를 손으로 한번 만져보고 씩 웃더니 계속 글을 쓰기 시작했습니다.

하나의 사물에 집중해 글을 쓰고 있는 아이에게 맞춤법이 틀렸다는 말을 하면 술술 풀려나오던 생각을 막는 결과를 초래합니다. 초등 글쓰기에서는 자기 생각을 풀어내는 연습을 자주 하는 것이 중요합니다. 그렇다고 맞춤법이 중요하지 않다는 말은 아닙니다. 다만 맞춤법이든 다른 어떤 형식이든 아이의 글에 지적을 하려는 목적으로 동그라미를 표시하는 일에 신중을 기해야 합니다. 아니, 그보다 글을 평가하지 않고 바라봐주는 게 우선입니다.

특히 글쓰기와 친해져야 하는 초기에는 아이들이 평가받지 않는 글쓰기를 자주 해봐야 합니다. 가장 효과적인 방법이 칭찬을 앞세우는 것이죠. 누구나 다 알고 있지만 실천하기는 쉽지 않은 방법입니다. 아이가 글쓰기와 친해지길 바란다면 아이의 글을 평가하려는 마음을 잠시 접어보세요. 칭찬만 해도 아이들은 글과 친해집니다.

결국 칭찬이 힘이다

한번은 글쓰기 수업을 마친 아이가 스스로 계속 글을 쓸지 궁금해서 부모님에게 확인을 해봤습니다. 불과 일주일밖에 되지 않은 시점이었는데, 수업 후 지속해서 글을 쓴 아이는 단 한 명도 없었습니다. 어떻게 하면 아이들이 글을 지속적으로 쓰게 할 수 있을지에 대한 고민이 쌓여갔습니다.

그러던 중 딸과 함께 수업에 참여한 어머니에게 부탁해보기로 했습니다. 평소 글쓰기에 관심이 많은 분이니 일주일에 한두 번 정도 아이가 글을 쓸 수 있도록 다독여주라는 것이었죠. 보름 정도 후 문자로 확인을 해봤습니다. 아쉽게도 결과는 제자리였습니다. 글쓰기에 유달리 관심을 보여 기대를 했건만 흐지부지돼버린 것입니다. 글쓰기는 굳은 결심이나 의지만으로 지속할 수 없다는 사실을 다시 한 번 절실히 깨달았습니다.

아이가 글쓰기에 흥미를 느끼면 말려도 쓰게 됩니다. 그 분위기에 휩쓸린 주변의 아이들도 글을 쓰면서 글과 한층 더 친해집니다. 아이들이 글쓰기를 통해 성장하기 위해서는 한 번에 끝나는 것이 아니라 지속적으로 써야만 합니다. 대부분 초등 글쓰기는 수업을 진행할 때만 반짝하고 마는 경우가 많습니다. 그런 경우 부모의 관심과 칭찬 없이는 좋은 결과를 얻기 힘듭니다. 문제는 부모님들이 칭찬을 하는 데 인색할 뿐만 아니라 올바른 칭찬의 방법을 모른다는 것입니다.

부모님들이 아이들의 선생님이 돼야 한다는 부담감을 조금 내려놓으셨으면 합니다. 아이를 가르치려 들지 마세요. 부모의 눈높이로 판단할 것이 아니라 아이의 친구가 돼주세요. 그리고 아이가 지속적으로 글을 쓸 수 있도록 적극적으로 칭찬해주세요. 무슨 내용인지 알 수 없을 정도로 문장이 완벽하지 않은 글이라도 평가하지 말고, 글의 장점을 찾아 칭찬해주세요. 아이의 이름을 불러주면서, 글을 쓰는 모습이 멋지다는 한마디면 충분합니다. 그 한마디에 아이는 글쓰기를 간절하게 하고 싶은 마음이 없었어도 힘을 낼 것입니다.

평가를 전제로 한 글쓰기보다 아이가 쓴 글의 장점만 봐주는 겁니다. 무엇이든 글에서 칭찬할 만한 것들을 찾아내어 아이에게 말해주면 됩니다.

부모와 함께하는 칭찬 댓글 쓰기 놀이

❶ 아이가 글쓰기를 하고 나면 칭찬 댓글을 적어준다.
❷ 한 줄도 좋고, 두세 줄도 좋다. '참 잘 썼구나!'처럼 가볍고 짧게 써도 좋다.
❸ 글 내용에 공감하는 칭찬을 댓글로 적어준다. 공감이 곧 글쓰기를 지속하게 만드는 동력이다.
❹ 칭찬 댓글이 다섯 개가 되면 작은 선물이나 부담 없는 축하파티를 해준다.

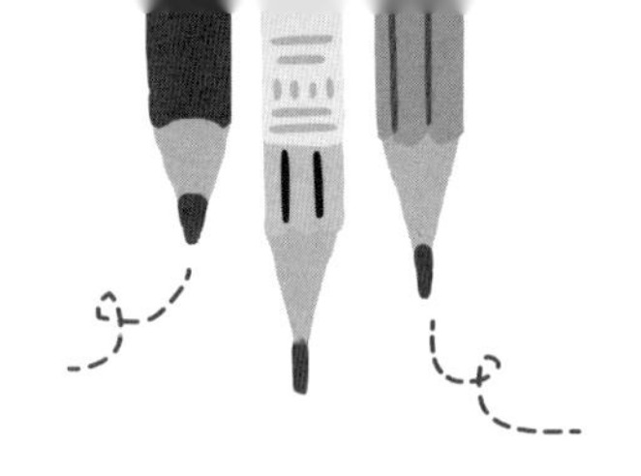

글쓰기를
일단 시작하라

나무에 관심이 생겨 오래된 나무를 1년 정도 찾아다닌 적이 있습니다. 제가 사는 곳 주변에서 500년 정도 된 나무를 발견하기도 했죠. 세종대왕이 한글을 만든 조선 시대에도 살아 있었던 나무였습니다. 그렇게 한곳에서 움직이지 않고 수백 년을 살아가고 있는 생명체를 보니 놀라움을 넘어 신비로움이 느껴졌습니다. 수많은 위태로움을 겪으면서도 한자리에서 움직이지 않고 생명을 다할 때까지 살아가는 것이 곧 나무의 삶이란 생각도 들었습니다.

그런데 인터넷을 검색하다 걸어다니는 나무가 있다는 것을 알게 됐습니다. 나무가 한곳에 정착해서 자란다는 고정관념이 완전히 깨지는 순간이었습니다. 워킹팜Walking Palm이라고 불리는 그 나무는 뿌리가 땅

위까지 올라와 있어 나무 줄기 아래로 다리가 여럿 달린 듯한 모습을 하고 있었습니다. 보통 나무의 뿌리가 흔들리면 생명에 치명적이라고 알고 있었기에 나무가 움직이는 이유가 궁금해졌습니다.

워킹팜이 움직이는 이유는 햇빛과 양분을 얻기 위한 것이었습니다. 나무 스스로 살기 위한 몸부림을 치고 있었던 것입니다. 우거진 밀림에서 생존하기 위해 햇빛을 찾아 새 뿌리를 뻗고 반대 뿌리를 도태시키면서 말이죠. 1년 동안 이동하는 거리가 2미터에 이르기도 한답니다. 그런 움직임이 있기에 워킹팜이 살아 있는 것이었습니다.

글쓰기는 종이 위에 자국을 남기는 일

워킹팜의 움직임을 떠올리며 글쓰기와 닮았다는 생각을 했습니다. 글쓰기는 행동입니다. 생각을 종이 위에 적는 출력 행위입니다. 아이가 아무리 글쓰기에 대한 지식과 요령을 많이 알고 있다 해도 글을 써보지 않은 아이는 쓸 수 없습니다.

하염없이 종이만 노려보고 있으면 달라지는 것은 없겠죠. 머릿속에선 이런저런 생각이 떠오른다고 해도 종이 위에 쓰지 않으면 백지일 뿐입니다. 워킹팜이 햇빛을 찾아 뿌리를 뻗고 반대편 뿌리를 도태시키며 움직이듯 글을 쓰는 사람도 자신의 생각을 찾아내어 종이 위에 글 자국을 남겨야 합니다.

글이 마음에 들지 않아도 계속 적어 내려가는 것이 중요합니다. 막상 글을 쓰려고 했다가 글감이 떠오르지 않는다고 포기하고, 글 쓰는 장소가 마음에 들지 않는다고 미루는 것은 워킹팜이 그늘에서 움직이지 않는 것과 같습니다. 생각나는 게 없어도 포기하지 말고 계속 써야 합니다. 장소가 어디든 미루지 말고 써야 합니다.

초등 글쓰기는 아이 스스로 자기 생각을 표현하는 것입니다. 아이들의 머릿속을 무한한 보물창고라고 생각해보세요. 그곳에서 상상과 감정을 꺼내는 능력을 키워주는 최고의 도구는 글쓰기입니다. 그러니 글을 쓰지 않으면 아무 소용이 없습니다. 어떤 행동이든 자발적 선택이 필요합니다. 그리고 선택은 스스로 생각하는 힘이 강해질 때 힘을 발휘합니다. 그런 만큼 아이들에게 글쓰기는 선택의 문제가 아닌 필수 조건입니다.

구체적인 질문은 좋은 길잡이가 되어준다

글쓰기 수업 때 아이들에게 왜 학교에 가는지에 대한 생각을 적어보게 한 적이 있습니다. 아이들은 평소 접하지 못한 낯선 질문에 대부분 다른 아이들이 가기 때문에, 학교에 가지 않으면 엄마에게 혼나기 때문에 간다고 대답했습니다. 아예 모르겠다거나 그냥 간다고 대답하는 아이들도 있었습니다. 그리고 나서 무엇이든 생각나는 것을 글로 적게 한 다음 아이들에게 다시 질문했습니다.

"학교란 나에게 무엇인지에 대해 글로 적어보세요."

왜 학교에 가는지에 대한 질문에 단답형으로 대답하고 심지어 이유를 모르겠다고 한 아이도 있었지만, 글을 쓰게 하고 다시 연관된 질문을 하니 변화가 생겼습니다.

재질문을 받고 적은 문장은 첫 번째 대답보다 두세 배 길었습니다. 한 아이는 "공부하러 가는 곳. 선생님에게 모르는 것을 배우는 곳이다. 친구도 만날 수 있고…"라는 글로 답변을 적었습니다. 다른 아이는 "학교에서 내가 해야 할 것은 무엇인가?"라며 도리어 자신에게 질문을 던지고 글을 쓰기도 했습니다. 처음에 모르겠다거나 그냥 학교에 간다고 장난처럼 대답했던 아이들도 글로 쓰기 시작하자 조금씩 자신의 생각을 꺼내기 시작했습니다.

"네 꿈은 뭐니?"

부모님이나 선생님은 아이들에게 꿈에 대해서도 자주 물어봅니다. 아이가 아직 꿈이 무엇인지 잘 모르겠다고 하면, 어른들은 막연하게 누구나 꿈이 있어야 한다고 강조합니다. 행복한아이연구소 소장인 서천석 교수는 소설가 백영옥의 인터뷰집 『다른 남자』(위즈덤경향, 2014)에서 꿈에 관해 질문을 바꿔야 한다고 말합니다. "넌 커서 뭐가 되고 싶니?"가 아니라 "넌 커서 어떻게 살고 싶니?"라고 물어야 한다고요.

글쓰기는 자신이 무엇을 원하는지를 찾는 데도 도움을 줍니다. 특히 꿈이라는 주제로 글쓰기를 해보면 아이 스스로 자신이 꿈꾸는 것이 무엇인지, 좋아하는 것이 무엇인지에 대한 생각을 키울 수 있습니다. 처음에는 내 꿈이 무엇인지 정도에서 출발합니다. 그렇게 자신의 생각을 적기 시작하면 글 쓰는 과정에서 자신이 꿈꾸고 싶은 게 무엇인지 조금씩 알아가게 됩니다. 점점 더 구체적으로 자신이 무엇을 좋아하고 원하는지를 깨닫게 됩니다.

출석 체크 쓰기 놀이

❶ 부모와 아이가 모두 매일 글을 쓰고 한 장소에 모아둔다.
❷ 월요일이면 '월요일에 쓴 글'이라 적고 자유로운 주제로 쓴다. 다섯 줄 이상을 권하지만 분량은 중요하지 않다.
❸ 자신이 글을 쓴 요일을 달력에 표시한다. 자신의 이름이 달력에 적혀 있으면 경쟁하며 쓰는 효과가 있다.
❹ 월요일부터 금요일까지 매일 쓴 사람에게 한 가지씩 선물을 한다. 부모는 아이가 원하는 것을 선물하기, 아이는 부모님께 안마해주기 정도면 부담도 없고 재미나게 글쓰기를 할 수 있다.

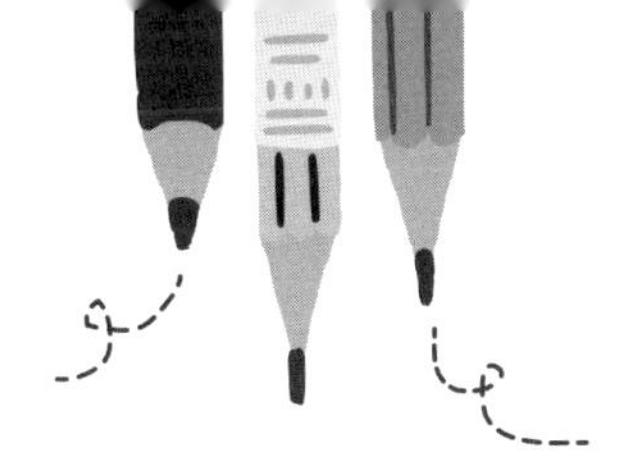

일기 쓸 땐 세 가지만 기억하자

일상 속에서 글쓰기와 친숙해지기 위한 방법으로 일기만 한 것이 없습니다. 먼저 일기를 쉽게 쓰려면 자신이 재미나게 쓸 수 있는 것들을 찾으면 됩니다. 일기장을 펼치기만 해도 아이가 얼굴을 찡그리며 힘들어한다면 고정된 틀에 맞춰 쓰지 않게 도와주세요. 일기는 다양한 방식으로 쓸 수 있습니다. 단순히 시간의 흐름으로 적기보다 그날 일어난 사건을 중심으로 쓰면 쓸 것이 많아집니다. 또 그날 일어난 일뿐만 아니라 자신이 상상한 것을 써도 됩니다.

일기의 사전적 정의를 되새기며 아이가 쉽게 쓸 수 있는 방법을 찾아보세요. 우선 여기서는 "날마다 그날그날 겪은 일이나 생각, 느낌 따위를 적는 개인의 기록"이라는 사전적 정의에 따라 구체적으로 살펴보도록 하겠습니다.

하루 일과를 떠올리며 써봅시다!

먼저 오늘 하루 동안 일어났던 일을 떠올려보세요. 아침에 눈을 떠서 저녁에 잠들 때까지 일어났던 일을 적을 수 있을 겁니다. 아침 먹고 학교 갔다 와서 숙제하고 놀았다며 시간순으로 적어보기도 하고 기억나는 사건 하나를 가져와 구체적으로 적어보기도 하면 일기를 쓰는 재미가 생깁니다.

예를 들어 아침을 먹고 학교에 갔다고 단순하게 쓰는 대신 아침에 무엇을 먹었고 맛은 어떠했는지를 쓰는 겁니다. 하루에 일어난 사건을 최대한 구체적으로 묘사하게 해보세요. 아침에 밥을 먹었던 것을 떠올리면서 "아침 식탁에 미역국이 나왔다."고 구체적으로 적는다면 일기에 쓸 것이 많아집니다. 좀 더 자세히 쓸 수도 있습니다. 미역국에서 김이 모락모락 피어오르는 장면을 묘사할 수도 있고, 미역의 색이 어떤지도 적을 수 있습니다. "앗 뜨거워." 하며 뜨거운 국물을 먹다 놀란 것도 쓸 수 있습니다.

"아침을 먹고 학교에 갔다."라고 쓰면 하루 일기로 쓸 것은 늘 뻔해집니다. 그러나 아침을 먹고 학교에 가는 순간순간의 시간을 깊이 들여다보면 쓸 이야기가 너무 많아 무엇부터 써야 할지 행복한 걱정을 하게 될 겁니다.

매일같이 학교에서 집, 집에서 학원, 학원에서 집을 오가는 것만 쓰는 것은 일기가 아닙니다. 물론 우리 일상생활에서 영화의 한 장면 같은 사건이 날마다 일어나지는 않습니다. 그러니 아이들이 일기를 쓰는 것을 힘들어할 수밖에 없죠. 하지만 그날 하루를 떠올리며 순간순간에 일어난 일들을 구체적으로 적으면 많은 것을 일기에 쓸 수 있습니다.

① 아침 식사

② 학교 가는 길

③ 친구와 만난 일

④ 학교에서 있었던 일

⑤ 학원 가는 길

⑥ 집에서 있었던 일

하루에 일어난 일들을 정리하면 그 수를 더 늘릴 수도 있습니다. 아침 식사와 학교 가는 길 사이에도 수많은 글감이 널려 있습니다. 학교 가는 길에 본 풍경을 써도 됩니다. 위의 예에서는 하루의 일들을 시간의 흐름에 따라 여섯 가지로 나눴지만 열두 가지로 늘릴 수도 있습니다. 그보다 더 많이 늘릴 수도 있습니다.

아침 식사를 마치고 학교 가기 전에 양치질한 일도 있고, 학교를 가다 친구를 만나기 전에 버스를 타는 일도 있을 겁니다. 수없이 많은 일들이 하루에 일어날 것이고, 그것들을 모두 일기에 쓸 수 있습니다. 하루라는 시간의 흐름을 선이라고 생각하면, 선을 이어주는 수많은 점들은 구체적인 순간순간들이기 때문이죠.

생각과 감정을 글로 써봅시다!

경험한 사건만 일기에 쓰는 것이 아닙니다. 그날 하루 인상 깊었던 이야기나 자신만의 생각도 쓸 수 있습니다. 자신의 기분을 좋게 만들었던 것, 슬프게 만들었던 것 등등 그날의 감정을 적을 수도 있습니다. 영화를 보고 주인공이 되어 상상한 것을 적어도 좋습니다. 학교 도서관에서 마주한 풍경을 써도 좋고, 자신이 읽은 책에 관한 생각을 적어도 좋습니다.

예를 들어 그날 읽었던 책의 독후감으로 일기를 대신할 수도 있습니다. 일기가 그날의 기록을 남긴다는 의미를 떠올려보세요. 먼 훗날 다시 일기를 펼쳐봤을 때 당시의 생각과 감정을 되돌아보면서 때로는 부끄러울 때도 있을 것이고, 때로는 당시의 자신을 그리워할 수도 있을 겁니다. 그러면 그 일기를 보면서 또 다른 생각을 하거나 글을 쓸 수 있지 않을까요? 이처럼 일기는 글을 쓰는 훈련을 위한 좋은 도구이면서, 또 다른 글감을 제공하는 훌륭한 보물창고도 될 수 있습니다.

오감을 활용해 느낌을 적어봅시다!

일기를 쓸 때 오감을 활용하면 글의 맛을 더욱 다채롭게 만들 수 있습니다. 쉽게 말해 눈, 코, 입, 귀, 손으로 느낀 것을 글로 표현하는 겁니다. 하루 동안 보고, 듣고, 맛보고, 냄새 맡고, 만져본 것들을 글로 적어보세요. 예를 들어 "엘리베이터를 탔는데 치킨 냄새가 났다. 어느 집에서 시켰는지 몰라도 고소한 냄새를 맡으니 배가 고파졌다."처럼 후각(코)으로 느낀 것을 글로 적어도 다양한 이야기를 쓸 수 있습니다. 가족과 함께 치킨을 먹으며 즐거웠던 시간에 대한 감상을 적을 수도 있고, 동네에서 본 치킨집의 풍경을 쓸 수도 있습니다. 조금 더 발전시켜 그날의 일이나 생각과 느낌을 쓸 수도 있습니다.

시각(눈)으로 예를 들어보죠. 그날 무엇을 봤는지 떠올려보세요. 별로 본 것이 없다고 생각된다면 거울에 비친 자신의 모습을 떠올려도 됩니다. 까치집 모양의 머리를 하고 학교에 가는 친구의 모습을 떠올릴 수도 있습니다. 매일 보는 풍경이 모두 똑같을 것 같지만 길가에서 만나는 나뭇잎이 조금씩 자라는 모습을 발견할 수도 있습니다.

촉각(손)으로 전해진 느낌도 쓸 수 있습니다. 만약 소나기가 내릴 때 창문 밖으로 손을 내밀었다면 그 느낌을 고스란히 일기에 써도 좋은 글감이 될 수 있습니다. 샤워할 때 느낌 같다는 아이, 손바닥이 간지럽다는 아이 등 저마다 수없이 다른 표현이 쏟아지죠. 아이들마다 빗물에서 전해진 느낌을 다르게 표현하는 것을 보면 신기합니다.

미각과 후각의 느낌을 연결한 글도 수없이 많이 쓸 수 있습니다. 아이들에게 오감을 동원해 글을 써보라고 하면 정말 상상하지 못한 표현들이 많이 나옵니다. 한번 자신의 감각을 글로 쓸 수 있다는 것을 알게 된 아이들은 주변에서 다양한 글감들을 보기 시작할 겁니다.

순간의 감각을 포착하는 능력을 키울수록 글쓰기 실력도 함께 향상되는 것을 확인할 수 있습니다. 한번은 산 정상에 올라 두 팔을 벌리고 손가락 사이로 빠져나가는 바람을 느끼며 "바람에서 사이다 맛이 난다!"고 말하는 아이도 있었습니다. 다른 아이들은 산바람이 몸에 부딪혔을 때 어떤 표현할지 궁금해집니다.

아이가 일기를 즐겁게 쓸 수 있게 됐다면 하루에 여러 편을 써보도록 하는 것도 좋습니다. 어떤 형식에도 구애되지 말고 자유롭게 생각할 수 있도록 옆에서 도와주세요. 구체적으로 묘사하면 할수록 글로 쓸 것이 넘쳐납니다. 일기에 쓸 일, 생각, 느낌을 다양하게 적을수록 쉬워집니다.

대화가 일기가 되는 쓰기 놀이

❶ 아이와 그날 일어난 일에 대해 대화를 한다. 그날 가장 즐거웠던 일이나 짜증났던 일을 이야기해도 좋다.
❷ 대화를 글로 적는다. 말한 그대로 옮겨 적어도 되고, 간단하게 줄여서 적어도 좋다. 특히 아이가 일기에 쓸 것이 없다고 말할 때 활용하기 좋은 쓰기 놀이다.

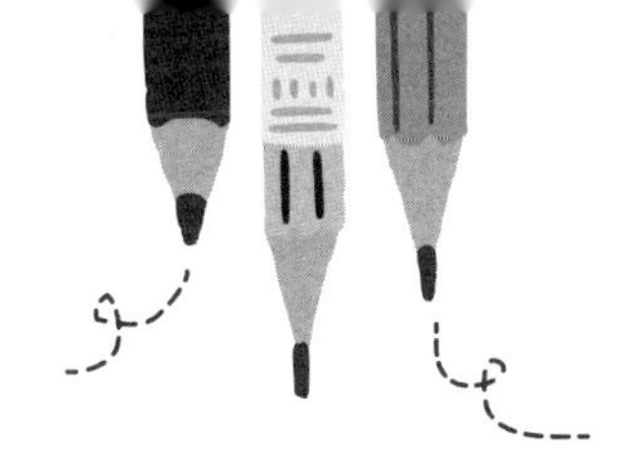

독서를 글쓰기로 연결하라

유독 책을 많이 읽는 아이들이 있습니다. 하루에 대여섯 권을 읽는다는 말을 듣고 귀를 의심하기도 했습니다. 주말을 제외한 월요일부터 금요일까지 5일을 읽는다고 가정하면 하루 5권씩만 읽어도 총 25권이 됩니다. 한 달, 4주면 100권이 됩니다. 1년이면 무려 1,000권을 훌쩍 넘긴다는 계산이 나옵니다. 그 정도면 독서의 신이라 불러야 할지 모릅니다. 하지만 아무리 책을 많이 읽는다 해도 얼마나 이해했는지와는 비례하지 않습니다. 또 책을 많이 읽는 아이가 글까지 잘 쓰는지는 전혀 다른 문제입니다. 어느 정도 관계는 있겠지만 그렇다고 절대 큰 비중을 차지하지는 않습니다.

"우리 아이는 책을 많이 읽어요."

글쓰기 수업 때 한 어머니가 말씀하셨습니다. 아이가 책을 많이 읽으니 글도 잘 쓸 것이란 기대감에서 한 말이겠죠. 그래서 궁금한 마음에 아이가 쓴 글을 살펴봤지만 아쉽게도 다른 아이보다 특별하지 않았습니다. 책을 많이 읽으면 좋은 문장이나 여러 이야기를 많이 접해 상상력을 키울 수 있어 글쓰기에 도움은 됩니다. 하지만 책을 많이 읽는다고 반드시 글쓰기도 잘하는 것은 아닙니다. 달리기 지식을 많이 안다고 해도 트랙을 뛰며 연습하는 사람을 따라갈 수는 없는 노릇이니까요. 글쓰기도 머릿속에서만 생각하는 것이 아니라 손끝을 통해 종이에 생각을 적는 경험을 쌓을수록 점점 나아지는 기술 중 하나입니다.

독서와 글쓰기는 비례하지 않는다

부모님들은 대체로 아이가 책을 얼마나 많이 읽는지에 관심이 많습니다. "오늘은 몇 권 읽었니?" 그렇게 묻는 부모님들은 조금이라도 더 많은 책을 읽었다는 말을 듣기만 해도 좋아하시는 것 같습니다. 그런데 책을 읽는 아이들 중에는 글보다 그림 위주로 책을 보는 아이들도 많습니다. 그러면 하루 대여섯 권을 읽는 게 그리 어려운 일도 아니겠죠. 과연 그 아이가 책을 읽었다고 할 수 있을까요?

아이가 책을 이해하며 읽었는지를 쉽게 알 수 있는 방법이 있습니다. 아이에게 책의 전체 줄거리를 말해보라고 시키는 겁니다. 만약 아이가 책의 내용을 조리 있게 이야기한다면 제대로 이해하며 읽은 것입니다. 하지만 좋았다거나 재미있었다는 식으로 두리뭉실하게 말한다면 그만큼 제대로 이해하지 못하고 읽은 것입니다. 책의 전체 내용을 말해보도록 하는 것은 아이가 읽고 이해한 것을 확인하는 간단하면서도 정확한 방법입니다.

만약 아이가 자신이 읽은 책에 대해 대부분 재미있었다는 식으로만 말한다면 부모님이 옆에서 독서 습관을 바꿔줘야 합니다. 보통 두 가지 방법을 권합니다.

첫째, 아이가 읽는 책의 권수를 줄이고, 천천히 읽게 도와줘야 합니다. 사실 책을 제대로 읽는 연습이 되지 않은 아이 입장에서는 책 전체를 이야기하는 것이 쉽지 않습니다. 게다가 평소 독서 습관이 굳은 아이들은 쉽게 고칠 수 없을 겁니다. 그럴 때는 차례를 보고 이야기하도록 시켜보세요. 책의 전체 부분을 나눠서 범위를 줄여주면 아이들은 의외로 쉽게 이야기를 풀어나가곤 합니다.

둘째, 그림보다 글이 많은 책을 읽게 해야 합니다. 책 분량이 적더라도 글 위주의 책을 골라주세요. 무조건 그림이 없는 책을 보게 하라는 것은 아닙니다. 저도 가끔 글과 그림이 함께 있고 주로 유아들이 보는 『강아지똥』(권정생 글, 정승각 그림, 길벗어린이, 1996)이라는 동화책을 봅니다. 길거리에 쓸모없이 버려진 강아지똥이 거름이 되어 민들레가 꽃을 피우도록 도움을 준다는 내용입니다. 만약 아이가 책을 빠르게 읽기만 한다면 책의 내용에 대해 어떻게 이야기할까요?

짧게 이야기하는 아이는 이렇게 말합니다.

"강아지가 똥을 눴다. 민들레꽃이 피었다."

반면 전체 내용을 이야기하는 아이는 이렇게 말합니다.

"흰둥이가 돌이네 담벼락에 똥을 눴다. 강아지똥이 길에 있다. 겨울이 지나고 어미 닭과 병아리가 강아지똥이 더럽다고 했다. 강아지똥 옆에 흙덩이가 떨어졌다. 빗물에 강아지똥이 녹아내려 민들레꽃이 피었다."

전체 내용을 이야기한 아이는 책의 스토리를 잘 이해하고 있는 것입니다. 그 정도로도 충분하지만 전체 줄거리를 말로 들려주는 데서 멈추지 말고 글쓰기로 연결하면 효과가 더욱 커집니다. 그러면 책에 대한 이해도가 높아지고 아이만의 생각도 펼칠 수 있습니다.

예를 들어 "흰둥이가 돌이네 담벼락에 똥을 눴다."라는 표현으로 글쓰기를 시작하면 "강아지가 똥을 눴다. 나는 더럽고 냄새나는 강아지똥을 피할 것 같은데…."라며 자기 생각과 감정도 함께 글로 적게 됩니다. 이렇게 아이가 책을 읽고 글쓰기를 하면 자신이 이해한 것을 눈으로 확인하며 더욱 정확히 책의 내용을 알 수 있습니다. 즉 이 방법은 아이가 이해하면서 책을 읽는 습관을 들이는 데도 매우 효과적입니다. 독서와 글쓰기라는 두 마리 토끼를 동시에 잡는 효과를 얻는 것이죠.

입력의 독서를 출력의 글쓰기로 연결

독서와 글쓰기는 표현하는 방식이 다릅니다. 독서는 눈을 통해 정보와 지식을 얻고, 글쓰기는 손끝을 통해 생각을 적는 것이죠. 쉽게 말해 독서는 입력 행위이고, 글쓰기는 출력 행위입니다. 책으로 읽은 것을 말로 이야기하는 행위의 경계를 명확하게 구분할 수는 없지만 글로 써 보면 분명히 차이를 알 수 있습니다.

책을 읽기만 하는 것보다 글로 쓰면 확실히 자신의 주체적 생각을 표현하는 능력이 생깁니다. 책을 읽을 때는 책을 중심으로 생각하게 됩니다. 작가의 이야기를 듣는 행위라고도 할 수 있습니다. 프랑스 소설가 샤를 단치는 『왜 책을 읽는가』(이루, 2013)에서 "사색이야말로 독서를 하지 않는 것에 대해 가장 정당한 사유가 될 수 있다. 왜냐하면, 결국 책을 읽는 시간 동안, 우리는 피리 부는 사람 앞에 놓인 뱀과 다르지 않기 때문이다."라고 말했습니다. 맞는 말입니다. 독서를 할 때 우리는 작가의 생각을 받아들일 뿐입니다. 만약 책을 읽은 후 책의 내용을 소화시키는 사색의 과정이 빠진다면 아무리 책을 많이 읽어도 밑 빠진 독에 물 붓기에 불과합니다. 특히 아이들은 책 읽기 자체도 힘들어하기 때문에 사색을 한다는 건 더욱 어려운 일입니다. 그러므로 독서 감상을 글쓰기로 연결해 자연스럽게 사색하는 연습을 도와줘야 합니다.

독후 감상문을 쓰게 해도 좋고 떠오르는 생각을 적어보게 하는 것도 좋은 방법입니다. 책을 읽고 느낀 점을 글로 쓰는 것은 자신이 읽은 책을 소화하고 이해하는 능력을 키우는 일 말입니다. 설령 아이가 글을 잘 쓰지 못하더라도 책을 읽은 만큼 전체 줄거리를 글로 적는 습관을 만들어줘야 합니다. 전체 줄거리를 꼼꼼히 적지 못한다고 해서 나무라지 말고, 자신의 감상이나 떠오르는 생각들을 한두 줄만 적어도 칭찬해 주는 것이 좋습니다. 아이가 책을 읽고 자신의 생각을 글로 적는 것만으로도 충분합니다. 엄마나 아빠의 눈높이에 맞추려 하는 순간 독서와 글쓰기의 연결고리가 끊어질 수 있습니다. 아이들은 자유로운 분위기에서 글쓰기를 할 수 있다고 생각할 때 더 적극적으로 반응하는 존재입니다.

책 전체 줄거리 쓰기 놀이

❶ 책 제목, 지은이, 목차를 따라 적게 한다. 적고 난 후 소리 내어 읽게 하면 좋다.
❷ 줄거리를 우선 말하게 한다. 그 후에 글로 적게 한다. 이때 아이에게 길게 쓰지 않아도 된다는 것을 알려주자. 다섯 줄에서 열 줄 정도 쓰면 좋겠지만 단 한 줄이라도 글로 적게 하는 것이 중요하다.
❸ 독후 감상문이 5편이 되면 그중 아이가 가장 마음에 드는 것을 발표하게 한다. 부모도 자신이 읽은 책을 아이와 같이 발표해도 좋다.
❹ 목표 권수를 읽고 글을 쓰면 칭찬과 함께 책거리로 선물을 주거나 작은 파티를 연다.

3장

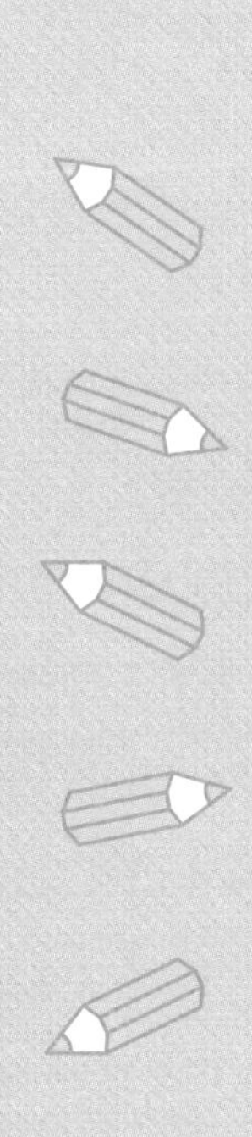

하루 10분, 글쓰기 습관을 만드는 최적의 시간

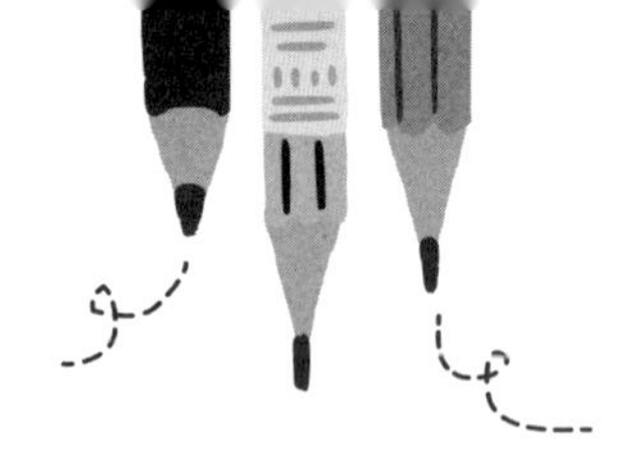

글머리를 여는 첫 도미노를 찾아라

실천 없는 결과는 없습니다. 아무리 좋은 글쓰기 방법을 알고 있어도 쓰지 않으면 소용없습니다. 앞서 글쓰기를 하는 아이만이 얻을 수 있는 효용, 글쓰기와 친해지는 방법에 대해 살펴봤습니다. 지금부터는 어떻게 하면 아이의 손에 연필을 쥐여주고 움직이게 할 수 있을지를 알아보도록 하겠습니다. 무엇보다 옆에서 아이의 글머리가 열리도록 도와줘야 합니다. 아무리 자유롭게 써보라며 글쓰기를 독려해도 아이들은 첫 문장 쓰는 것을 제일 힘들어합니다. 아이들뿐만이 아닙니다. 부모도 마찬가지입니다.

첫 문장만 쓰기 시작하면 그다음 문장은 미끄럼틀을 타고 내려오듯 따라옵니다. 글을 멈추지 않고 쓰는 즐거움도 함께 경험할 수 있습니다.

그러기 위해서는 '글을 잘 쓰기'에서 '잘'이라는 단어를 지우세요. '글을 쓰기'에 집중하면 문제가 쉽게 풀립니다. 일단 무엇이든 써보는 것이 중요합니다. 반드시 잘 써야 한다는 생각에서 벗어나기 위해 그림을 그려도 좋습니다. 낙서로 시작해도 좋습니다. 글을 쓰다 마무리 짓지 못해도 괜찮습니다. 글쓰기를 시작할 수 있는 첫걸음을 찾아야 합니다.

제목과 첫 문장의 힘

사각 모양의 블록을 넘어뜨리면 뒤에 있는 블록이 연속적으로 넘어지는 도미노 게임을 떠올려보세요. 수천 개의 도미노 블록을 넘어뜨릴 때 제일 앞에 있는 블록 하나만 쓰러뜨리면 됩니다. 아주 간단합니다. 아이들의 글쓰기도 마찬가지입니다. 대부분 첫 문장 쓰는 것을 어려워하지만 어떻게 글을 시작하는지만 알려주고 나면 이후에는 그냥 놔두어도 아이들의 글이 달리기 시작합니다.

어른들도 무엇을 써야 할지 고민하고 다른 사람의 시선까지 의식하느라 첫 문장 쓰는 것을 힘들어합니다. 심지어 작가들도 첫 문장 쓰는 것을 어려워합니다. 머릿속에 있는 복잡한 생각들을 꺼내는 데 어려움을 느끼기 때문이죠. 『태백산맥』(해냄, 2007)을 비롯해 대하소설 3권을 20년에 걸쳐 썼다는 조정래 작가는 글을 쓸 때 "제목이 반이고, 또 나머지에서는 첫 문장이 반이다."라고 했습니다. 그래서 첫 문장을 쓰기 위해 엄청난 양의 파지를 낸다고 합니다.

아이들이 첫 문장을 쓰지 못하는 이유는 대부분 무엇을 써야 하는지 모르기 때문입니다. 초등 글쓰기에서도 첫 문장 쓰는 것을 해결해줘야 아이가 글쓰기를 즐길 수 있습니다. 하지만 여전히 아이의 글머리를 여는 첫 도미노 블록을 찾아 넘어뜨려야 하는 숙제가 남습니다.

투자개발 회사의 사업코치이자 트레이너인 게리 켈러와 편집자 제이 파파산이 함께 쓴 『원씽』(비즈니스북스, 2013)을 보면 도미노 실험이 등장합니다. 한 개의 도미노 블록에는 자신보다 1.5배 큰 블록을 넘어뜨리는 힘이 있다고 합니다. 5센티미터 크기의 첫 도미노 블록을 쓰러뜨리면, 블록들이 넘어지면서 힘이 점점 쌓여 여덟 번째 도미노 블록은 마치 90센티미터 정도 크기의 블록과 비슷해진다고 합니다. 그렇게 계속 쓰러뜨리면 스물세 번째 도미노 블록의 크기는 에펠탑보다 더 클 것이고, 서른한 번째는 에베레스트산보다 높다는 계산이 나온다고 합니다.

이처럼 엄청난 결과를 가져오는 과정도 5센티미터에 불과한 첫 번째 도미노 블록을 넘어뜨려야 비로소 시작됩니다. 글쓰기도 마찬가지입니다. 아이의 글머리를 열어주면 그 뒤부터는 거침없이 글을 씁니다. 과연 우리 아이들의 글쓰기에 날개를 달아줄 첫 번째 도미노 블록은 무엇인지 고민 끝에 두 가지 해결책을 찾아냈습니다.

10분간 패턴을 활용한 글쓰기

글쓰기에 있어서 가장 큰 관문은 일단 쓰기 시작하는 것입니다. 그래야 첫 번째 도미노 블록을 찾아 쓰러뜨리는 것과 같은 효과를 기대할 수 있습니다. 그렇다면 첫 번째 관문을 열기 위한 무기를 갖고 있어야겠죠. 저는 두 가지 해결책을 권합니다. 그중 하나가 시간이고, 또 다른 하나는 글을 바로 적을 수 있게 만드는 패턴입니다. 더 쉽게 말하면 10분이란 제한된 짧은 시간과 다섯 가지(관찰, 오감, 질문, 감정, 주제) 패턴 글쓰기로 시작하는 것입니다. 아이들이 이 패턴들을 활용하도록 해보니 글쓰기가 별것 아니라는 반응도 볼 수 있었습니다. 그럼 지금부터 시간과 패턴을 활용해 글쓰기를 쉽게 만들 수 있는 방법에 대해 알아보도록 하겠습니다.

글쓰기의 첫 번째 무기는 시간입니다. 쉽게 말해 '10분으로 제한된 시간만 글을 써도 효과가 있다'는 것이 핵심입니다.

초등 수업 시간은 대부분 40분으로 이루어져 있죠. 글쓰기 수업 시간에 아이들에게 뻔한 질문을 해봤습니다.

"여러분이 글쓰기 시간을 선택해보세요. 10분, 20분, 30분, 40분 중에서 얼마나 쓰면 좋을까요?"

"10분요."

참새가 합창하듯 10분을 외칩니다. 한 아이가 "오래 쓰면 재미없어요."라고 외치자 모두 맞장구칩니다. 그 아이의 대답처럼 아이들은 오랜 시간을 들여 글 쓰는 것 자체를 싫어합니다. 만약 글쓰기 시간으로 5분을 제시했다면 10분도 길다고 대답했을 겁니다. 하지만 글쓰기 시간이 너무 짧으면 온점 하나 찍고 끝나기 때문에 최소 시간은 10분이 좋습니다. 짧은 시간 제한은 아이들을 쉽게 집중할 수 있게 만듭니다.

글쓰기에서 집중력은 중요합니다. 아인슈타인도 상대성 이론을 재미나게 설명하기 위해 시간과 집중력을 언급했을 정도입니다.

“아름다운 여자의 마음에 들려고 노력할 때는 1시간이 마치 1초처럼 흘러간다. 그러나 뜨거운 난로 위에 앉아 있을 때는 1초가 마치 1시간처럼 느껴진다. 그것이 바로 상대성이다.”

글쓰기 수업 때도 아이들은 제각각 시간을 활용합니다. 글쓰기에 몰입돼 쓸 때는 순식간에 시간이 지나가지만, 억지로 쓸 때는 1분도 가만히 있지 못합니다. 그런데 10분간 짧은 글쓰기를 할 때에는 보통 집중해 쓰는 경우가 많습니다. 만약 글을 쓸 시간이 모자라서 생각한 것을 다 쓰지 못한 아이가 있다면 고민하지 마세요. 글쓰기에 빠져 10분을 넘겨 20~30분 내내 쓰고 있다면 애써 말릴 필요는 없습니다. 글을 쓰는 시간이 짧고 긴 것은 중요하지 않습니다. 아이가 집중해서 글을 쓰는지를 봐야 합니다. 그런 면에서 10분 글쓰기는 아이들의 글을 쓰는 부담도 줄여주면서 집중할 수 있게 만드는 효과가 있습니다.

3년간 매일 책 읽는 목표를 세우고 독서를 한 적이 있습니다. 아침에 눈을 뜨면 전날 머리맡에 두었던 책을 펼쳐 한 페이지 이상 읽고 하루를 시작했습니다. 습관이 되니 매일 읽는 것은 어렵지 않았습니다. 문제는 읽고 나면 기억나는 게 없다는 것이었습니다. 고심한 끝에 25쪽씩 끊어 읽기로 했습니다. 그리고 하루에 정해진 분량을 읽을 때까지 집중해서 읽고, 무슨 내용이었는지 떠올려보기로 했습니다. 이것을 마쳐야 다음 페이지를 읽었습니다.

그런 결심을 실천하고 나니, 집중력이 좋아지고 책을 이해하는 능력도 좋아졌습니다. 더욱 놀라운 것은 책 보는 속도도 두 배 이상 빨라졌다는 것입니다. 바로 그때 깨달았습니다. 시간의 길고 짧음보다 얼마나 집중하느냐에 결과가 달려 있었습니다. 아이들의 글쓰기도 마찬가지입니다. 30분이나 1시간 동안 억지로 앉아서 글을 쓴다고 좋아지는 것이 아닙니다. 특히 아이들의 글쓰기는 길게 쓰는 것보다 짧게 자주 쓰는 것이 더 효과적입니다. 10분 글쓰기를 자주 반복적으로 한 아이들일수록 글로 생각하는 습관에 익숙해집니다.

글쓰기의 두 번째 무기는 패턴입니다. 즉 '글쓰기 패턴을 적용하면 쉽게 글쓰기를 시작할 수 있다'는 것입니다. 글쓰기의 다섯 가지 패턴은 2부에서 자세히 다룰 예정이므로 여기서는 간략하게 짚고 넘어가겠습니다.

아이들에게 짧은 시간을 정해주고 글을 쓰라고 하면 무엇을 써야 할지 고민합니다. 그때에는 글쓰기를 쉽게 시작할 수 있는 방법을 알려줘야 합니다. 패턴 글쓰기라는 것을 알려주면 아이들도 처음에는 무슨 말인지 몰라 막연해합니다. 눈에 보이는 것을 그림으로 그리듯 글을 쓰면 된다고 조금 더 자세히 설명해주면 그제야 조금씩 관심을 보이기 시작합니다.

예를 들어 관찰 패턴은 사물을 보면서 자신의 생각을 적어보는 글쓰기 방식입니다. 학교에서 글쓰기 수업을 할 때를 생각해보죠. 보통 교실에 있는 것을 대상으로 글을 쓰는 경우가 많습니다. 다양한 방법이 있을 겁니다. 일단 교실에서 눈에 보이는 것이 무엇인지 둘러봅니다. 칠판, 의자, 책상…. 처음에는 단순히 보이는 것을 글로 묘사합니다. "칠판이 보인다. 크기는 어느 정도이고, 색깔은 어떠하며…" 10명의 아이가 쓴다면 모두 다른 글이 나올 겁니다. 똑같은 칠판을 보더라도 각자 시선으로 본 생각을 쓰기 때문에 똑같은 글은 없습니다.

그렇게 칠판을 자세히 관찰하면 또 다른 글쓰기로 연결시킬 수 있습니다. "칠판은 바닷물처럼 파란색이다."라고 시작해 상상의 나래를 펼치며 글을 써 내려가기도 합니다. 관찰 패턴은 아이들이 보이는 것을 적는 것부터 시작하기 때문에 떠오르는 생각이 없어도 쉽게 글쓰기를 시작할 수 있다는 장점이 있습니다. 이렇게 하나의 사물을 가지고도 수많은 글을 쓸 수 있습니다. 또 하나의 사물에서 눈을 살짝만 돌리기만 하면 책상, 의자, 창문, 심지어 친구의 모습도 쓸 수 있다는 장점이 있습니다.

글쓰기는 일단 쓰는 게 먼저입니다. 꼭 쓸 거라고 매번 다짐만 하다가는 글쓰기의 첫 도미노 블록을 찾지 못하고 헤매는 악순환에서 벗어날 수 없습니다. 아이들이 쉽게 글을 쓸 수 있도록 저항감을 없애는 비밀은 '시간과 패턴'에 있습니다. 바로 글쓰기의 첫 도미노 블록을 넘어뜨리기만 하면 연속적으로 다른 도미노를 넘어뜨릴 수 있습니다.

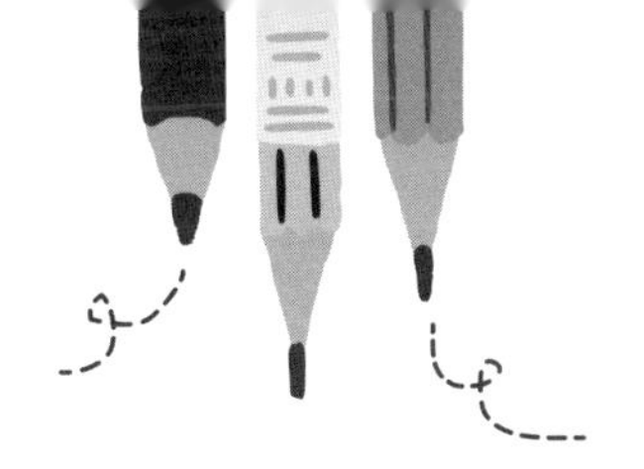

반복하면 실력이 된다

"10분 동안 멈추지 말고 써보세요."

초등 글쓰기를 할 때는 대부분 시간을 정해서 씁니다. 만약 수업이 40분이라면 30분 동안 글쓰기 전에 설명하거나 아이들과 이야기를 나누기도 하고 글을 쓴 후 발표하기도 합니다. 글쓰기 시간은 10분이면 됩니다. 이렇게 시간을 충분히 활용해서 쓰지 않고 제한된 시간에 글을 쓰는 이유는 짧은 시간에 무엇이든 적는 시도를 하도록 유도하기 위해서입니다. 또한 평소에도 자주 반복적으로 글을 쓰는 습관을 만들려는 의도가 들어 있습니다.

일단 글을 쓰면 멈추지 말 것

아이들의 글쓰기는 페인트칠 하는 것과 비슷합니다. 페인트를 잘 칠하려면 어떻게 해야 할까요? 바로 반복해서 칠하는 것입니다. 여러 번 반복해서 페인트를 덧칠해줘야 색깔이 더 선명해지고, 시간이 지나도 벗겨지지 않습니다. 글쓰기도 마찬가지입니다. 반복적으로 써보는 게 먼저입니다.

처음부터 마음에 드는 글을 쓸 수는 없습니다. 자주 반복적으로 써보고, 고치면서 글과 친해지고 글 쓰는 습관을 들이면 실력도 덩달아 향상됩니다. 단, 반복적으로 글쓰기를 할 때 흥미를 느끼지 않는다면 의미가 없습니다. 마크 트웨인의 소설 『톰 소여의 모험』에서 주인공 톰은 동네 아이들에게 담장 페인트칠은 아무나 할 수 없는 재미난 작업이라고 말합니다. 그러자 아이들은 마치 재미난 놀이를 알게 됐다는 듯 앞다퉈 서로 칠해보겠다 합니다.

초등 글쓰기에서 아이들의 흥미를 끌어낼 목적으로 10분 글쓰기를 사용하면 효과를 볼 수 있습니다. 생각이 머릿속에서 정리될 때까지 기다리기보다 끄적끄적 종이 위에 적다 보면 쓰고 싶은 글감도 떠오르게 됩니다. 하지만 머릿속에서만 생각하는 버릇을 글쓰기 습관으로 바꾸는 건 쉽지 않은 일입니다.

어떻게 하면 아이들이 글쓰기에 대한 저항감을 극복할 수 있을지 고민한 끝에 짧은 시간 동안 써보게 하는 방법을 떠올리게 됐습니다. 처음에는 5분, 10분, 15분, 20분까지 다양한 시간을 제시하고서 아이들이 흥미를 잃지 않고 글을 쓰는 시간을 관찰했습니다. 5분은 조금 모자라는 경우가 많았고, 15분 이상은 집중도가 떨어졌습니다. 약간의 긴장감을 유지하면서도 지루하지 않을 만큼의 최적의 시간은 10분이었습니다.

참고로 아이들에게서 효과를 발견한 10분 글쓰기를 어른들에게도 적용해봤습니다. 어른들은 10분이 조금 짧다는 의견이 대부분이었습니다. 또 아무리 짧은 글쓰기라도 두세 단락을 쓰는 데 15분 정도가 적당했습니다.

하지만 아이도 어른도 10분 글쓰기를 반복적으로 해보면 곧잘 적응했습니다. 글쓰기 시간이 10분으로 제한되면 당장 즉흥적으로 떠오르는 것을 글감으로 쓸 수밖에 없습니다. 또 짧은 시간에 써야 하기에 깊이 고민할 여유도 없습니다. 시간이 촉박하다며 포기하지만 않는다면 자연스럽게 '일단 써보자!'라는 마음으로 바뀝니다. 그리고 '일단 되는 대로 써보자!'는 마음을 먹으면 결과적으로 잘 쓰겠다는 부담감도 줄어듭니다.

10분간 글을 쓸 때 반드시 지켜야 할 조건은 글쓰기를 멈추지 않고 써야 한다는 것입니다. 그리고 자신이 쓴 글을 고치는 것은 10분에 포함시키지 않습니다. 글을 고치는 과정을 포함하면 자칫 아이가 글쓰기를 지루하다고 여길 수 있기 때문입니다.

세상에 완벽한 글은 없다

글쓰기 수업 때 늘 강조하는 것이 있습니다. 부모든 아이든 누군가가 평가하지 않는 글을 많이 써보라는 것입니다. '프리라이팅Free Writing' 즉, 문법이나 오자를 신경 쓰지 않고 써보는 것도 좋습니다. 글을 잘 쓰는 아이로 키우고 싶다면 오히려 남이 어떻게 평가할지를 의식하지 않게 해줘야 합니다.

10분 글쓰기 수업을 진행하다 보면 가끔 아이들이 "손목이 아픈데 멈출 수 없어요."라고 말합니다. 손목이 아플 정도로 쓴다는 것은 글을 잘 쓰겠다는 압박에서 벗어나 생각나는 대로 거침없이 쓸 때 가능합니다. 평소 눈치 보고 주눅 들어 있는 아이라면 더더욱 멈추지 않고 글을 써보는 경험이 중요합니다. 이 경험이 반복되면 점점 더 글 쓰는 것을 겁내지 않을 수 있습니다.

무엇보다 주위의 눈치를 보지 않고 당당하게 자기 글을 쓰게 됩니다. 함께 참여한 엄마나 아빠도 마찬가지입니다. 10분간 정신없이 글을 쓰다 보면 남의 시선을 의식하지 않고 쓰는 모습을 볼 때가 많습니다. '남의 눈치 볼 것 없이 거침없이 쓴다!'라는 말이 보기에는 쉬워 보여도 연필을 쥐고 막상 실행해보면 어렵다는 것을 알 수 있을 겁니다.

"글을 잘 쓰는 아이로 키우려면 어떻게 해야 하나요?"

딸아이와 함께 온 어머니가 던진 질문에 이렇게 대답했습니다.

"먼저 글쓰기를 겁내지 않는 아이로 키우세요."

글을 잘 쓰든 못 쓰든 거침없이 쓰는 것은 쉽지 않은 일입니다. 반드시 연습이 필요합니다. 10분간의 시간을 정해놓고 글쓰기를 반복하게 하는 것은 바로 그런 연습을 통해 경험을 쌓게 하려는 의도가 담겨 있습니다.

다시 한 번 강조하지만 세상에 완벽한 글은 없습니다. 완벽한 것보다 완벽해지려는 노력에 의미를 둬야 합니다. 반복적으로 자주 써보는 것만이 완벽을 위한 과정에 가장 합당한 방법이라고 생각합니다. 10분 글쓰기는 아이들이 일상에서 아무 때나 할 수 있다는 장점이 있습니다. 일상에서 떠오른 생각을 바로 글로 표현하면 되니까요. 아이들이 머릿속 생각을 꺼내어 평소 글쓰기를 하는 상상을 하면 제 기분까지 좋아집니다. 그래서 저는 초등 글쓰기를 '글로 생각하는 습관'을 키우는 수업이라고 정의하고 있습니다.

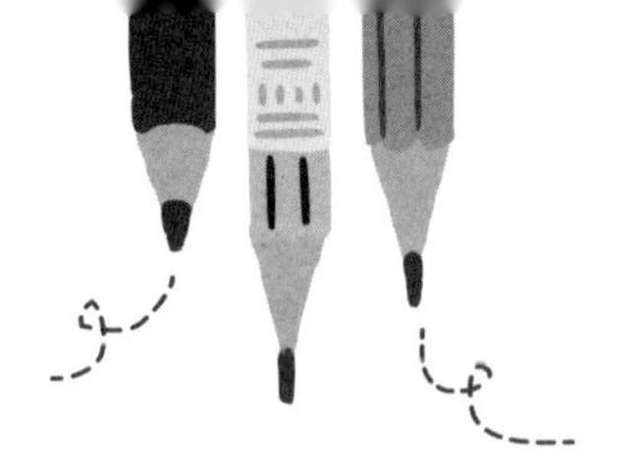

10분 글쓰기를 위한 조금 독특한 규칙 세 가지

10분 동안 글을 쓰면 어느 정도 분량을 쓸 수 있을까요? 아이들의 글쓰기 수업을 엄마나 아빠와 함께 진행해보면 평균 열 줄 정도 쓰는 경우가 많습니다. 주로 열 줄 미만의 분량을 쓰는 것은 엄마나 아빠 쪽입니다. 아이들은 열 줄 이상을 써 내요. 신기하게 어떤 수업에서든 아이들이 부모보다 두 배 정도 많은 글을 써냅니다. 왜 이렇게 아이와 부모가 쓴 글의 분량에서 차이가 날까요? 바로 글의 완성도를 고민하는지 여부 때문입니다. 부모들은 대부분 주제와 관련된 내용에서 벗어나지 않는 글을 씁니다. 하지만 아이들은 멈추지 말고 많이 써보라고 하면 주제와 관련되지 않아도 일단 적습니다.

초등 글쓰기를 시작할 때 글의 분량이 적어도 완성도 있게 쓰는 것이 좋을지, 완성도는 조금 떨어져도 글을 많이 쓰는 것이 좋을지 고민했습니다. 아이들과 함께 글쓰기 수업을 하고 관찰하면서 둘 중 하나를 선택해야 한다면 글의 분량이 많은 쪽을 택하는 것이 좋다는 결론을 내렸습니다.

우선 글을 쓰도록 정해진 시간에 많은 분량을 쓰게 하려면 구속하는 것이 없어야 합니다. 때로는 완성도가 떨어지기도 하고, 주제에서 벗어나기도 하겠지만, 자주 글을 쓸수록 많은 분량을 써 낸 아이들에게서 발전성을 더 발견했습니다. 글쓰기 수업을 계속해보면 고민에 고민을 거듭하며 한두 줄을 잘 쓰려는 아이보다 그림으로 채워가면서도 많이 쓰려는 아이가 더 과감하게 글을 쓰는 것을 보곤 합니다. 많은 분량을 쓰려고 하다 보니 문장 완성도가 조금 떨어지고 맞춤법을 틀리는 경우도 많습니다. 하지만 글쓰기를 거듭할수록 처음에 쓴 글과 비교해보면 실력이 확연히 향상된 것을 확인하게 됩니다.

만약 아이가 글쓰기에 흥미를 가진다면 아이에게 글쓰기가 어떤 의미인지를 확인해보시기 바랍니다. 성적을 위해 보여주는 글쓰기인지, 감성과 상상력을 키우기 위한 글쓰기인지를 말이죠. 많은 분량의 글을 짧은 시간 안에 쓰는 연습을 한 달 정도 해보면 알 수 있습니다. 둘 중 후자라면 글쓰기를 시작할 때 분량에 집중하는 것이 좋은 방법입니다. 분량을 채우려는 걸 반복하다 보면 자연스럽게 글쓰기 실력도 향상되고 완성도도 높아집니다.

10분 글쓰기를 쉽고 효과적으로 하기 위한 세 가지 규칙이 있습니다. 첫째, 주어진 짧은 시간 동안 쓰면서 생각한다. 둘째, 남의 눈치를 보지 않고 거침없이 최대한 많이 쓴다. 셋째, 생각을 멈추지 않는다. 10분 글쓰기에 세 가지 규칙을 적용하면 더 효과적인 결과를 만들어낼 수 있습니다. 규칙의 의미에 대해서 하나씩 알아보도록 하죠.

짧은 글쓰기를 돕는 첫 번째 규칙, 쓰면서 생각하라

우선, 글을 쓰기 위한 시간이 짧게 주어진 만큼 생각을 정리해서 쓰기에 빠듯할 수 있습니다. 따라서 글을 쓰면서 생각하는 연습을 해야 더 많은 분량의 글을 효과적으로 쓸 수 있습니다.

대부분 먼저 생각이 떠올라야 글을 쓸 수 있다는 선입견에 갇혀 있어 글쓰기를 시작하기 어려워합니다. 심지어 이러한 함정에 빠져 끝내 글쓰기를 미루고 말죠. 그런데 아이들에게 쓰면서 생각을 떠올려보라고 하면 오히려 곧잘 쓰는 경우가 많습니다. 한번은 멍하니 종이만 바라보는 아이에게 물어봤습니다.

"왜 안 쓰고 있니?"

"뭘 써야 할지 모르겠어요."

"그럼 지금 우리가 말한 것부터 적어도 돼."

아이가 글쓰기를 시작했어도 계속 함께 이야기를 이어가도 상관없습니다.

쓸 게 떠오르지 않는다. 선생님이 왜 안 쓰고 있냐고 물어봤다. 뭘 써야 할지 모르겠다고 대답했다. 뭘 쓸까….

이렇게 대화를 이어가면서 대화도 글로 쓰자 아이도 웃고, 저도 웃으며 장난치듯 글쓰기를 할 수 있었습니다. 그러다 또 아이가 무언가 떠올랐는지 글을 쓰기 시작했습니다.

10분 글쓰기를 '글 달리기'라고 표현하기도 합니다. 누가 더 많이 쓰는지 시합하듯 글을 쓰기 때문입니다. 글쓰기를 할 때 신나는 놀이처럼 시작하면 아이들은 아무런 눈치도 보지 않고 고삐 풀린 망아지처럼 거침없이 쓰는 것을 두려워하지 않습니다.

"깊이 생각하지 않고 쓰면 좋은 글을 쓸 수가 없잖아요. 한 줄을 쓴다 해도 고민하며 쓰는 것이 맞다고 생각해요."

10분 글쓰기에 참여한 한 어머니가 말씀하셨습니다. 틀린 말은 아닙니다. 하지만 초등 글쓰기는 계획적인 것보다 즉흥적인 것을 통해 더 많이 배우는 과정이라고 생각합니다. 특히 글쓰기를 평소 자주 접해보지 않은 아이라면 더욱 즉흥적으로 많은 분량의 글을 써보는 연습이 필요합니다.

글 달리기는 글에 대한 저항감을 무너뜨리고, 머릿속에 숨은 생각들을 계속 꺼내어 글로 쓰는 훌륭한 연습입니다. 많은 글쓰기 방법들이 있지만 정작 생활 속에서 꾸준하게 실천하는 글쓰기로 이어지는 경우는 드뭅니다. 그런 방법들을 보면 어떻게 글쓰기를 시작할 것인지에 대한 설명도 부족합니다.

헤밍웨이는 『노인과 바다』를 수십 번을 고쳐서 완성했다고 합니다. 유명한 작가에게도 글을 잘 쓰기 위한 특별한 비법이 없습니다. 그저 많이 써보고, 많이 고쳐봐야 좋은 글을 쓸 수 있습니다. 오히려 글쓰기에 대해 제대로 알지 못하는 사람들이 많이 써보지도 않고 잘 쓰려고만 하는 것이 문제입니다.

물론 아이들에게 많이 써보고 많이 고쳐야 좋은 글을 쓸 수 있다고 말하기는 쉬워도 실행에 옮기게 만들기는 어렵습니다. 우선 종이 위에 한 단어나 한 문장을 적는 경험부터 쌓아나가야 합니다. 10분 글쓰기 수업 때에는 대부분 아이가 떠올린 단어나 짧은 한 문장을 적으면서 시작합니다. 예를 들어 "책상에 관해 떠오르는 것들을 적어보세요."라고 말하면 아이들은 '책상'이라는 단어를 종이에 적습니다. 그리고 '책상은 흰색이다', '교실에 책상이 많다', '책상 위에 종이가 있다'처럼 눈에 보이는 것부터 적어나갑니다.

그렇게 한두 문장을 적다가 범위를 넓혀 교실 풍경을 글로 쓰기도 하고, 쉬는 시간에 무엇을 하고 놀지에 대해 쓰기도 합니다. 책상에서 시작한 글이지만 각자의 감정과 상상력이 더해지면서 글쓰기가 더욱 다채로워집니다. 잘 쓰려 하기보다 우선 쓰려고 시작하는 것이 가장 중요합니다.

즉 글쓰기를 방해하는 가장 큰 함정은 첫 문장부터 잘 쓰려는 마음입니다. 제가 글쓰기의 중요한 비밀을 하나 알려드리죠. 글을 여는 역할을 했던 첫 문장은 나중에 버려도 됩니다. 앞서 아이가 '쓸 게 떠오르지 않는다'라고 쓴 첫 문장도 마찬가지예요. 글을 쓰면서 생각한다는 의미는 생각이 떠오를 때까지 무엇이든 적어본다는 말입니다. 그러니 첫 문장뿐만 아니라 두 번째 문장도 버릴 수 있습니다. 심지어 10분 글쓰기를 하는 동안 쓴 글을 몽땅 버려도 됩니다. 아깝다고요? 걱정할 것 없습니다. 글로 쓰면 쓴 만큼 구체적으로 생각하는 힘이 생깁니다. 오히려 자신의 글을 버리기 아까워하는 사람들이 주로 글쓰기를 힘들어하고, 남의 시선을 많이 의식할 뿐입니다.

무라카미 하루키는 소설 『댄스 댄스 댄스』(문학사상, 2009)를 발표했을 때 인터뷰에서 "초고에서는 범인이 고탄다라는 걸 몰랐어요. 끝에 가까워진 3분의 2 정도 썼을 땐가 알게 되었어요. 그가 범인이라는 걸 알게 되고 나서 두 번째 원고를 쓸 때 고탄다의 고백 장면을 썼지요."라고 했습니다. 소설가인 하루키 자신도 글을 쓸 때 사건이 어떻게 전개될지 모른다고 합니다. 흥미롭지 않나요?

초등 글쓰기를 할 때 오늘은 어떤 글이 다가올지 기대하며 써도 괜찮습니다. 창의적 글쓰기의 반대말이 무엇인지 아시나요? 바로 익숙한 글쓰기입니다. 많은 사람이 글은 원래 많이 고민해 잘 써야 하고, 자신이 쓴 글은 누군가에게 평가받아야 한다는 고정관념에 갇혀 있습니다. 주입식 교육에 익숙해진 아이들에게 창의력을 키워주는 효과적인 방법은 바로 쓰면서 생각하는 글쓰기가 아닐까 합니다.

짧은 글쓰기를 돕는 두 번째 규칙, 최대한 많이 써라

10분 안에 많은 분량의 글을 쓰려면 남의 눈치를 볼 시간이 없습니다. 거침없이 써야 자신의 생각과 감정을 온전히 담아낼 수 있습니다.

"종이가 모자라 뒷장에도 쓴 사람 있나요?"

글쓰기 수업 첫 시간이었는데도 종이가 필요한지 묻자 한두 아이가 손을 들었습니다. 10분이라는 시간이 모자라서 아쉽다고 말하는 아이도 있었습니다. 하지만 아이들은 대부분 10분이 길다고 말합니다. 당연합니다. 그만큼 글쓰기에 푹 빠지지 못했기 때문입니다. 어쩌면 10분 글쓰기가 익숙하지 않아서일 수도 있고, 마침 쓸 것이 떠오르지 않아서일 수도 있습니다. 하지만 제가 의도한 것은 작문 수준의 글쓰기도 아니었고, 맞춤법이나 반듯한 글씨체를 원한 것은 더더욱 아닙니다.

자신의 생각을 글로 많이 적어보는 연습을 통해 글쓰기 습관이 자연스럽게 만들어집니다. 가장 효과적인 방법은 많은 분량의 글을 써보는 것입니다. 자신이 쓴 글을 고치는 것도 나중에 생각하고, 글을 잘 쓰기 위해 고민하기보다 떠오르는 것을 거침없이 적는 것이 중요합니다. 똑같은 시간을 주어도 어떤 아이들은 몇 줄 적지 못하지만, 어떤 아이들은 종이가 모자라 뒷장까지 쓸 수 있었던 이유가 여기에 있습니다.

글의 분량에 따라 표현의 방식과 범위도 달라집니다. 일단 짧은 글은 자세한 표현을 거의 찾아볼 수 없습니다. 예를 들어 친구의 얼굴을 묘사해보라고 하면 주로 단순한 생김새를 설명하는 데 그칠 뿐입니다.

머리카락이 길다. 눈이 크다. 코가 오똑하다….

하지만 분량이 많은 글을 쓴 아이들은 짧은 글을 쓴 아이들에 비해 자신의 느낌을 마구 풀어냅니다.

머리카락이 꼬불꼬불하다. 파마해서 그런지 라면이 떠오른다. 어깨까지 내려와 있다. 어떨 땐 머리끈으로 묶을 때도 있다. 머리카락 색은….

둘의 차이가 확연하게 느껴지시나요? 분량이 많은 글은 자세하고 다채로운 묘사가 많아 글맛을 분명하게 드러내줍니다.

물론 짧은 글을 쓴 아이들도 첫 번째 수업에서 많은 분량의 글을 쓰기 위해 노력합니다. 두 번째 수업을 진행해보면 짧은 글을 썼던 아이들도 눈에 보일 정도로 달라지는 것을 느낄 때가 있거든요. 심지어 두세 배 분량으로 써 내기도 합니다. 아마도 많은 분량의 글을 쓴 친구의 발표를 듣고 나서 자신도 모르게 자극을 받기 때문인 것 같습니다.

짧은 시간에 최대한 많은 분량을 써보는 시도는 중요합니다. 몇몇 사람들은 별것 아닌 생각들을 글로 풀어놓은 것이 아이들의 글쓰기에 도움이 되지 않는다고도 말합니다. 하지만 많은 분량의 글을 쓰려고 한 아이들은 수업을 반복할수록 즉흥적이고 창의적으로 표현하는 능력이 좋아졌습니다. 그뿐만 아니라 다시 글쓰기를 할 때도 적극적으로 수업에 참여하는 경우가 많았습니다.

짧은 글쓰기를 돕는 세 번째 규칙, 끝까지 멈추지 마라

마지막으로 정해진 시간이 끝날 때까지 멈추지 않고 쓰는 것입니다. 더 쉽게 말하면 포기하지 않는 것입니다. 아이들이 글쓰기 습관을 들이는 데 있어서 매주 제시된 단어를 보고 떠오르는 생각과 감정을 부지런히 적어 분량을 채워보는 것도 중요한 요소입니다. 거기에 더해 한번 쓰기 시작한 글의 끝맺음을 맺는 것이 훨씬 더 중요합니다.

한번은 아무리 생각해도 쓸 것이 없다고 호소하는 아이에게 그림을 그려도 좋으니 멈추지 말고 종이를 채워보라고 말해줬습니다. 그러자 아이는 별을 그리기 시작했습니다. 글쓰기가 끝날 때쯤 보니 수많은 별을 그렸지만 사이사이에 세 줄 정도 글도 함께 썼더군요.

아무리 글을 잘 쓰는 사람이라도 제한된 시간에 쓰다 보면 글을 마무리하지 못하는 경우가 있습니다. 당연한 결과입니다. 하지만 어떤 제약도 생각하지 말고 멈추지 않고 쓰는 연습을 해야 합니다. 절대 뒤돌아보지 않고 계속 써보는 경험을 할수록, 그리고 생각을 꺼내면 꺼낼수록 더 많은 것이 떠오른다는 것도 알게 됩니다.

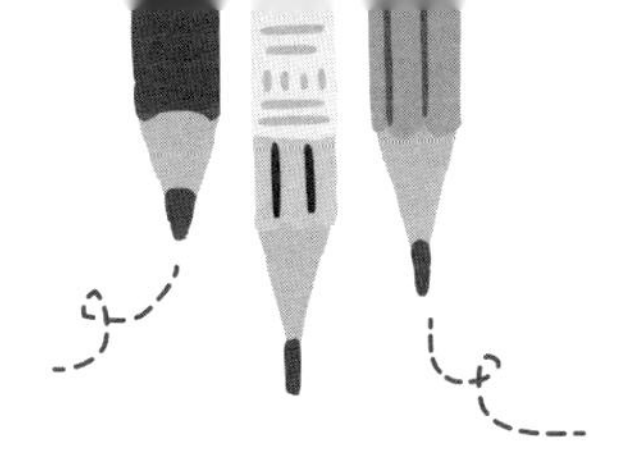

엄마, 아빠와 함께 쓰면 놀이가 된다

"엄마도 글 써요?"

글쓰기 수업 때 한 아이가 엄마에게 물었습니다. 엄마의 글 쓰는 모습이 아이의 눈에 낯설어 보였나 봅니다. 흥미로운 사실을 하나 알려드릴게요. 글은 혼자 쓸 때보다 여럿이 모여서 쓸 때 더 쉽게 써집니다. 아이들도 부모와 함께 쓰는 것을 좋아합니다. 엄마나 아빠가 쓴 글을 발표할 때면 어떤 글을 썼는지 귀를 쫑긋 세우고 듣습니다.

"독서모임에서 함께 쓸 땐 잘 써지는데 집에서 혼자 쓰려면 잘 안 써져요."

제가 10년 정도 진행하고 있는 독서모임에도 글쓰기 시간이 있습니다. 함께 책을 읽는 사람들이 모여 15분 글쓰기 놀이를 기획해 실천해

보기로 한 것입니다. 초등 글쓰기에 관심을 갖게 된 것도 독서모임에서 시작한 글쓰기가 시발점이었습니다.

15분 글쓰기의 목적은 내 글을 남의 글처럼 보자는 것이었습니다. 그 순간 마음이 끌리는 대로 쓰되 글을 잘 쓰려 고민하지 말고 주위의 시선도 의식하지 않고 자유롭게 써보자는 취지였습니다. 하지만 취지와는 달리 글을 써보지 않은 사람은 고민만 하다가 글쓰기를 포기해버리는 경우가 많았습니다. 그런 사람들의 이탈을 방지하기 위해 15분이라는 시간의 제약을 걸어놓고 가볍고 경쾌한 마음으로 글을 쓰도록 유도했습니다. 또한 각자가 쓴 글을 일절 평가하지 않고, 발표도 원하는 사람만 하도록 했습니다.

독자 관점에서 벗어나 저자가 돼보기 위해 장난처럼 시작한 15분 글쓰기였지만, 시간이 지날수록 놀라운 일이 벌어졌습니다. 그저 일주일에 한 번씩 만나 15분 글쓰기를 했을 뿐인데 1년 정도 지나자 책을 출간하는 사람이 생겼습니다. 2년 정도 지나자 10명 정도의 회원들이 자기 이름으로 된 책을 출간했습니다. 그럼에도 여전히 독서모임에서 함께 글을 쓸 때는 술술 써져도 집에서 혼자 써보려면 힘들다고 입을 모읍니다.

서로의 생각을 확인하는 글쓰기

함께 글을 쓰면 좋은 이유가 뭘까요? 우선 옆에 있는 사람이 쓰면 덩달아 글이 써집니다. 분위기 때문이기도 하지만, 누군가 나와 같이 글을 쓰고 있는 동질감을 느끼는 것이 큰 이유 중 하나입니다. 어떤 부모님은 글쓰기 모임을 진행하면서 다른 사람의 생각을 알게 되었다고 합니다.

제목 : 이웃의 생각을 읽다
궁금하다. 우리 마을 사람들의 이야기가. 오늘은 어떤 이야기가 펼쳐질지. 우리 아파트에 와서 장난감 갖고 놀던 쌍둥이와 젖먹던 아이가 어느새 커서 자기 생각을 말하고 글을 쓴다. (중략) 이번 글쓰기 모임을 통해 아이들의 생각도 알게 되고 이웃을 조금 다른 측면에서 알게 되어 재미있다.

또 자신이 쓴 글도 궁금하지만 다른 사람의 글도 궁금하기 때문에 함께 쓰면 글이 잘 써집니다. 같은 주제로 글을 써도 한 사람 한 사람의 생각이 모두 다르기에 더 흥미롭고 궁금해지죠. 하나의 글에는 그 글을 쓴 사람만의 경험이 들어 있기 때문입니다. 글로 쓴 것은 말로 대화한 것과는 또 다른 느낌을 줍니다. 부모가 아이의 글을 궁금해하듯, 아이도 엄마나 아빠가 무엇을 썼는지 궁금해합니다.

제목 : 알밤 막걸리, 파전, 칼국수
맨날 우리 아빠는 비 오는 날이면 막걸리 한잔에 파전, 칼국수를 먹으면 좋겠다고 한다.

아빠는 왜 비 오는 날이면 늘 막걸리를 먹고 싶나고 하는지 아이는 궁금해합니다. 아이가 쓴 글을 본 아빠가 왜 자신이 막걸리와 파전과 칼국수가 먹고 싶은지를 글로 적어 들려준다면 어떨까요.

부모와 아이 모두 공감하는 시간

글쓰기 수업은 아이들만 참여할 때가 많지만, 방학이 되면 부모와 함께 참여하기를 유도합니다. 마음에 담았던 이야기를 글로 만나는 것은 색다른 느낌을 줍니다. 그리고 처음에는 어색해하던 엄마나 아빠도 아이와 함께 글쓰기 수업에 동참하면서 점점 글 쓰는 데 익숙해지는 것을 종종 봅니다. 엄마가 쓴 글을 읽을 때 아이가 엄마 어깨에 기댄 채로 편하게 듣는 정겨운 모습도 볼 수 있습니다. 부모도 마찬가지입니다. 아이가 쓴 글을 들으며 아이의 상상력에 놀라기도 하고, 자신의 감정을 표현한 글에 공감하기도 합니다. 이렇게 글쓰기 수업을 해보면 나이와 관계없이 함께할 수 있다는 걸 깨닫게 됩니다.

초등 글쓰기 수업을 할 때면 아이들이 글 쓰는 모습을 보고 싶어 함께 왔다가 장난처럼 참여하는 부모도 있습니다. 하지만 주제를 정해 글을 쓰다 보면 자신들도 모르게 글쓰기에 빠져듭니다. 꿈에 관한 글쓰기를 할 때면 자신의 어릴 적 꿈이 무엇이었는지를 회상하며 써 내려가기도 합니다. 현재 하고 있고, 또 하고 싶은 것에 관해서도 써 내려갑니다. 아이들과의 글쓰기 수업에서 자신이 쓴 글을 보며 자신이 잊고 있던 꿈을 발견하기도 합니다.

처음에는 대체로 아이들이 글 쓰는 것을 신나 하지만, 몇 번의 수업이 거듭되다 보면 부모가 더 글쓰기에 빠져들기도 합니다. 왜 그럴까요? 아마도 아이들을 키우고, 직장에 다니느라 자신만의 시간이 없어서 그랬을 거라 생각됩니다. 오롯이 자신과 마주하는 시간이 부족했던 것이죠. 그래서 글쓰기를 할수록 자신을 돌아보게 되고 내면과 대화를 하며 빠져드는 겁니다.

약간 피곤한 듯 마을 회관을 나설 때 풍경도 즐긴다. 우리 마을 밤 풍경은 모두 잠들어 있다. 희철이네 집 2층 방 불빛만 남아 있다. 정말 한가로움을 만끽한다. 모두 잠든 마을. 별빛과 깨어 있는 고양이가 뒤따라 오고 집 안에 들어서니 사랑하는 가족이 편하게 자는 모습도 좋다. 모두 잘 잤으면 좋겠다. 마을 사람도, 고양이도, 별빛도, 가족도….

부모와 아이가 함께하는 글쓰기 수업에 참여한 한 아빠의 글 중 일부입니다. 자신이 좋아하는 시간에 대한 글을 쓰셨더군요. 새로운 곳으로 이사를 갔고, 마침 집에 TV가 없어 가끔 마을회관에서 TV를 보곤 했다고 합니다. 평소에는 아무에게도 방해받지 않는 혼자만의 시간을 즐겼는데, 늦은 주말 저녁 시간 마을회관에서 집으로 돌아오는 풍경이 인상적이었다고 해요.

글쓰기 수업에 함께 참여한 부모 중에는 이 글에 고개를 끄덕이며 공감하는 분들도 계셨습니다. 사실 이 글을 쓴 아빠도 자신이 좋아하는 시간을 생각하다 불현듯 떠오른 것을 썼다고 합니다. 이런 아빠의 글을 읽은 아이가 혼자 있고 싶어 하는 어른의 마음을 어떻게 느꼈을지 궁금해집니다. 이렇게 부모와 자녀가 서로 쓴 글을 듣고 감상하는 것도 흥미롭습니다.

식탁에서 쓰는 간식 같은 글쓰기

아이에게 글쓰기를 시작하게 만드는 지원군은 '사소함'입니다. 반대로 글을 쓰지 못하게 하는 최고의 방해꾼은 '거창함'입니다. 글쓰기를 거창한 행위로 만드는 것은 공부라는 복병입니다. 요즘 아이들에게는 글쓰기 시간이 부족합니다. 만약 글을 쓴다고 해도 학교나 학원에 갔다 와서 숙제를 해놓은 다음, 시간을 따로 마련해야만 하죠. 글쓰기가 공부에 밀린다면 누구라도 글을 쓸 수 없다고 단언합니다.

하지만 공부와 글쓰기는 무엇이 더 먼저인지를 따질 수 없는 관계입니다. 아이에게 글쓰기는 자신과의 대화 시간이기 때문입니다. 자기 생각과 만나는 시간입니다. 공부뿐만 아니라 밥을 먹다가도 수시로 글을 쓸 수 있습니다. 자신과의 대화이고, 자신의 생각을 만나는 시간이기에 공부에 방해되는 것도 아니고, 밥을 먹으며 쓰지 못할 이유도 없습니다. 시험 기간이라고 해서 글쓰기를 하지 말란 법도 없습니다. 왜 시험만 보려고 하면 놀고 싶은 마음이 드는지를 떠올리며 짧은 시간 동안 메모처럼 적는 것도 글쓰기입니다.

머릿속 생각을 손으로 표현하는 것이 곧 글쓰기입니다. 그러한 글쓰기를 일상 속에서 따로 분리해서 생각하면 당연히 거창한 행위로 인식할 수밖에 없습니다. 숨 쉴 때 공기를 느끼지 못하는 것처럼 아이가 일상에서 글 쓰는 걸 당연하게 생각한다면 얼마나 좋을까요. 그저 일상에서 아이가 끄적여보는 것만으로도 아이들의 글쓰기에 큰 힘이 됩니다.

식탁에서 글쓰기를 만나자

글쓰기를 거창한 행위로 둔갑시키는 생각들을 해결하는 간단한 방법이 있습니다. 글쓰기를 사소한 일로 만들어버리는 것입니다. 보통 어떤 일을 거창하게 만드는 것은 일을 크게 벌이는 것을 의미합니다. 글쓰기를 할 때의 거창함이라고 하면 작가처럼 글을 쓰려는 생각도 포함됩니다. 무조건 잘 써야 한다는 태도도 마찬가지입니다. 글 쓰는 장소가 따로 있어야 한다는 생각도 포함됩니다. 하지만 글쓰기를 사소한 일로 만들면 글 쓰는 것이 '식은 죽 먹기'가 돼버립니다. 가장 쉬운 해결책이 글 쓰는 장소를 바꾸는 것입니다.

식탁에서 글을 써보셨나요? 식탁에서 글을 쓰는 게 왜 거창함에서 벗어나는 방법이 될까요? 식탁은 온 가족이 모이는 장소입니다. 학교에서 돌아온 아이를 위해 엄마가 떡볶이를 해두고는 전자레인지에 넣고 따뜻하게 데워 먹으면 된다는 메모를 남기는 곳이기도 합니다. 또 조금 늦은 저녁이면 출출한 배를 달래기 위해 배달시킨 치킨을 가운데에 놓고서 가족이 모이는 곳이기도 합니다. 하루 종일 있었던 일을 거리낌없이 이야기할 수 있는 곳이 바로 식탁입니다. 그런 만큼 식탁을 잘 이용하면 가정에 최적화된 글쓰기 공간으로 만들 수 있습니다.

노트와 연필을 가지고 와서 쓸 필요도 없습니다. 오늘 어떤 일이 있었는지 서로 물어보고 이야기를 하는 것만으로도 충분합니다. 특별히 할 말이 별로 없다면 아침에 일어나 세수하고, 학교 갔다 온 이야기를 해도 상관없습니다. 하루 사이에 일어난 일들을 살펴보면 됩니다.

만약 아침에 마셨던 찬 우유 때문에 화장실을 들락날락했다면 그것에 관해 이야기하면 됩니다. 아침에는 찬 음식보다 따뜻한 음식을 마셔야 한다는 건강 지식을 이야기할 필요도 없습니다. 우유를 마시며 차가웠던 느낌, 배탈이 나서 등교 시간에 늦은 바람에 뛰어갔던 것, 언젠가 아이스크림을 먹고 탈이 난 적이 있었던 것들을 떠올리며 이야기하면 됩니다.

그런 가족의 수다를 있는 그대로 글로 적어도 충분히 좋은 글쓰기가 됩니다. 글과 말은 표현하는 방법에는 차이가 있지만, 서로 닮은 구석이 많습니다. 그래서 식탁에서 이어지는 대화도 곧 글쓰기로 연결할 수 있는 것이죠.

가족이 돌아가며 글 이어쓰기

고소한 냄새가 코끝을 찌르는 치킨을 보고도 글을 써볼 수 있습니다. 냄새라는 글감을 가지고 몇 분간 각자 떠오르는 생각을 써보는 겁니다. 가족들이 모두 둘러앉아 말하듯 써도 됩니다. 치킨 냄새를 글로 표현하면 더욱 다양한 방식으로 표현할 수 있습니다.

치킨은 봄 아지랑이다. 그 고소한 냄새는 봄 아지랑이가 피어오르며 춤추는 것 같은 착각에 빠지게 한다.

춤 중에서 제일 신나는 춤은 막춤이라고 하죠. 원고를 쓰며 떠오른 제 생각을 쓴 것이지만, 엄마나 아빠 그리고 아이 모두 장난처럼 글쓰기를 식탁에서 한다면 어떨까요? 글쓰기를 놀이처럼 응용할 수도 있습니다. 끝말잇기처럼 한 문장씩 돌아가며 써도 됩니다.

영화 〈극한직업〉에 "치킨은 서민이다."라는 대사가 나옵니다. 아빠가 "치킨은 서민이다."라고 쓰면 한 명씩 돌아가며 '문장 잇기' 놀이를 해보는 것도 재미있습니다.

아빠 : "치킨은 서민이다."

딸 : "우리 집은 서민이 아닌가? 엄마는 치킨을 잘 안 시켜주신다."

엄마 : "살찔까 봐."

아들 : "나는 삐쩍 말랐는데 왜 안 사주시지?"

문장 잇기는 초등학교 글쓰기 수업 때 한 아이가 해보자고 제안해 장난처럼 시작해봤는데 정말 재미있었습니다. 가족이 식탁에 모여 앉아 해봐도 재미있을 겁니다. 이렇게 놀이처럼 거창하지 않게 사소한 방식으로 접근하면 글쓰기가 훨씬 쉬워집니다.

의지가 있어야 글을 쓸 수 있다는 말은 사실 생각만큼 간단한 문제가 아닙니다. 매일 글쓰기를 하겠다고 굳은 결심을 해도 마찬가지입니다. 그저 식탁에서 앉아 10분 정도 이야기하듯이 글을 쓰면 됩니다. 부모와 아이가 일상에서 글쓰기를 한다는 건 멋진 일입니다. 식탁에 온 가족이 모여 일주일에 한두 번이라도 함께 글을 써보면 어떨까요?

• 2부 •

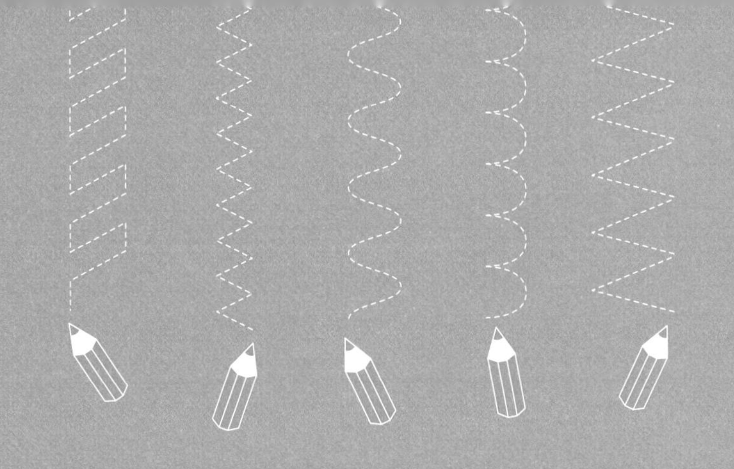

[실전편]

아이가 글감을 쉽게 찾아내는 다섯 가지 패턴 글쓰기

4장

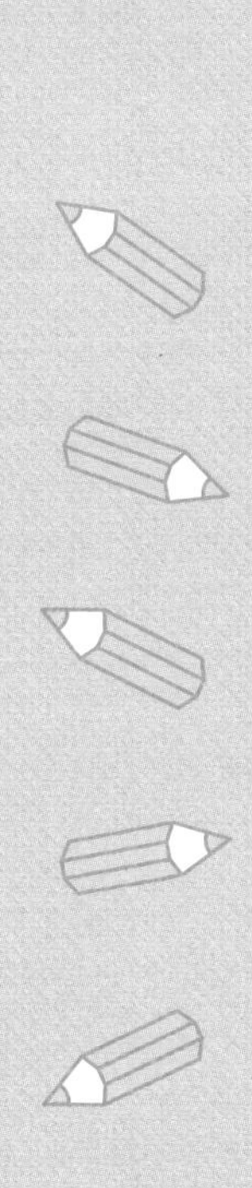

패턴을 알면 글쓰기가 쉬워진다

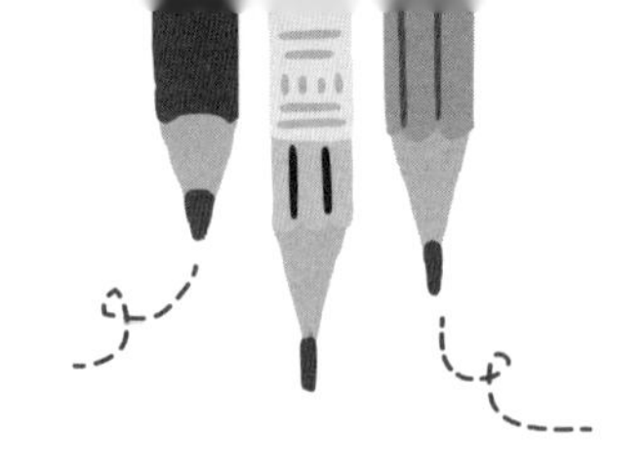

글쓰기의 다섯 가지 패턴

"10분간 쓰면서 생각한다. 최대한 많이 쓴다. 멈추지 않는다." 이렇게 아이들에게 글쓰기의 법칙을 간단히 말해주고 글을 써보라고 하면 곧바로 신나게 쓰기 시작할까요? 그렇지 않다는 것을 확인하는 데 걸리는 시간은 1분이면 됩니다. 아이들은 손 하나 꼼짝하지 않습니다. 미끄럼틀에서 미끄러져 내려가듯 글쓰기를 하는 아이를 만나기란 쉽지 않은 일입니다.

초등 글쓰기가 왜 필요한지를 설명하고, 왜 짧은 시간에 쓰는 것이 좋은지 설명해도 실전에 들어가면 모든 노력이 수포로 돌아가기 일쑤입니다. 브레이크가 고장 난 차를 타고 광활한 사막을 질주하듯 아이들이 거침없이 쓸 것이라는 기대는 한순간에 와르르 무너지고 맙니다.

10분 글쓰기는 글에 대한 저항감을 낮추고 짧은 시간에 쉽게 쓸 수 있도록 고안한 것입니다. 하지만 글쓰기에 대한 부담감을 벗어버린다고 해도 막상 연필을 들면 아이들의 머릿속은 백지로 변합니다. 주차장에 멈춰 서 있던 자동차가 움직이려면 주차 브레이크를 풀고 액셀러레이터를 밟아야 하고, 정박해 있던 배가 항해하려면 부두에 묶여 있는 밧줄을 풀어줘야 합니다. 자동차나 배를 움직일 때 필요한 원동력이 글쓰기에도 필요합니다. 당장 아이가 연필을 들고 쉽게 쓸 수 있도록 도와주는 방법은 무엇일까요?

즉시 쓸 수 있는 글쓰기의 틀

기존의 글쓰기와 다른 관점의 접근법으로 고안한 것이 바로 패턴 글쓰기입니다. 처음 글쓰기를 시작하는 아이들에게 글쓰기가 필요한 이유를 설명해도 대부분 한 귀로 듣고 한 귀로 흘려버립니다. 초등 글쓰기는 쉽게 따라 할 수 있어야 합니다. 특히 그 자리에서 곧바로 글쓰기를 시작할 수 있는 패턴을 제시해주는 것이 핵심입니다. 제가 초등 글쓰기의 다섯 가지 패턴을 고안하게 된 것도 '즉시 쓸 수 있게 한다'는 목적 때문입니다.

패턴 글쓰기가 무엇인지 명확하게 이해하기 어렵다고들 합니다. 쉽게 말하면 글머리를 열 수 있는 패턴을 제시해 아이 스스로 쓰면서 성과를 내도록 이끄는 방법입니다. 사전적 정의에 의하면 패턴은 "일정한 형태나 양식 또는 유형"을 말합니다. 즉 패턴 글쓰기는 '글쓰기 틀'이라고 할 수 있습니다.

패턴을 알게 되면 앞으로 벌어질 일을 예측할 수 있다는 장점이 있습니다. 예를 들어 여러 도형이 '● ■ ▲● ■ ▲(?)'의 순서대로 등장한다면 마지막 물음표에 나올 모양을 예측할 수 있습니다. 앞에 제시된 도형들은 '● ■ ▲'의 패턴이 반복되고 있죠. 그렇다면 '(?)'에 나올 모양은 '●'입니다. 도형 순서의 패턴을 알면 동그라미를 예측할 수 있는 것처럼 글쓰기에서도 패턴을 알려주면 아이들이 쉽게 글머리를 찾아 글을 시작할 수 있습니다. 그렇다면 패턴을 활용해 일기나 설명문을 어떻게 쓸 수 있는지, 형식이나 문장의 구조 면에서 어떻게 다른 것인지 살펴보도록 하겠습니다.

글머리를 열어주는 패턴 글쓰기

아이의 글쓰기를 시작하는 데 도움을 주는 패턴은 완전히 새로운 것이 아닙니다. 이미 많은 분야에서 활용하고 있는 것들이지만 더욱 쉽고 재미나게 글쓰기를 시작할 수 있도록 고안한 것입니다. 글쓰기에 패턴을 적용한 이유는 단순했습니다. 일단 아이들이 쓰게 만들자는 것이 주된 목적이었죠.

아이들에게 아무리 잘 설명해도 막상 글쓰기를 시작하면 힘들어합니다. 평소 글 쓰는 게 습관이 되어 있다면 괜찮겠지만 대부분 아이들은 어떻게 시작해야 할지를 몰라 출발부터 헤맵니다. 한동안 멍하니 종이만 쳐다보고 있는 아이들을 보며 일단 손과 머리를 움직일 수 있는 방법이 필요했습니다. 처음부터 글을 잘 쓰는 사람은 없으니 생각나는 대로 그냥 쓰라는 말은 실전에서는 도움이 되지 않습니다. 어떻게 글감을 떠올리고 글을 써야 하는지 구체적 방법을 제시해야 합니다.

눈에 보이는 것을 글로 쓰는 '관찰 패턴'을 예로 들어보겠습니다. 권귀헌 작가가 쓴 『초등 글쓰기 비밀수업』(서사원, 2019)에 얼굴을 관찰하며 적은 글이 나옵니다. "전체적으로 길쭉한 편이나 볼에 살이 붙었다. 붓칠을 해놓은 듯 시커먼 눈썹과 큼직하고 높은 코가 눈에 먼저 들어온다. 살집 두툼한 코끝이 전체적인 이미지를 부드럽게 연출한다." 작가가 거울을 보고 자신의 얼굴에 대해 적은 글입니다.

관찰 패턴 글쓰기 시간에 친구의 얼굴을 글로 적어보라고 하면 여기저기서 킥킥거리는 웃음소리가 들리고 아이들은 즐거운 분위기 속에서 글쓰기를 합니다. 아이들의 얼굴에선 글쓰기에 대한 긴장감 같은 것을 좀처럼 찾아보기 힘들죠. 이처럼 글쓰기를 할 때 일정한 패턴을 활용해 글머리를 열어주면 각자 개성이 들어간 내용을 적기 시작합니다. 제가 초등 글쓰기에서 유심히 봤던 것은 완성도 있는 글도 아니고, 완벽한 문장의 형식도 아니었습니다. 실전에서 아이들이 글쓰기를 즉흥적으로 곧바로 시작할 수 있게 만드는 것. 이 지점에 초등 글쓰기의 성공 열쇠가 있습니다.

다섯 가지 패턴을 활용해 글머리를 열어주면 아이들은 글쓰기를 만만하게 생각하기 시작합니다. 거창하게 생각하지 않고 즉흥적으로 떠올린 것을 거리낌 없이 적어나갑니다. 초등 글쓰기는 그렇게 출발해야 합니다. 글쓰기의 다섯 가지 패턴을 만들고 적용하려고 시작할 때 많은 시행착오를 겪었습니다. 우선적으로 관찰, 오감, 주제 패턴을 만들었습니다. 그 이후 더 다양한 글쓰기의 패턴이 필요해 질문, 감정 패턴을 추가해 다섯 가지 패턴으로 확장시켰습니다.

글쓰기의 다섯 가지 패턴은 아이들이 곧바로 쓸 수 있도록 만드는데 초점을 맞추었습니다. 백번 말하는 것보다 한 번 써보며 경험하는 것이 중요합니다. 따라서 다섯 가지 패턴을 바탕으로 여러분 각자 더 다양한 패턴을 만들어도 좋습니다. 무엇보다 다섯 가지 패턴을 통해 아이들이 글쓰기를 즐길 수 있게 된다면 충분합니다.

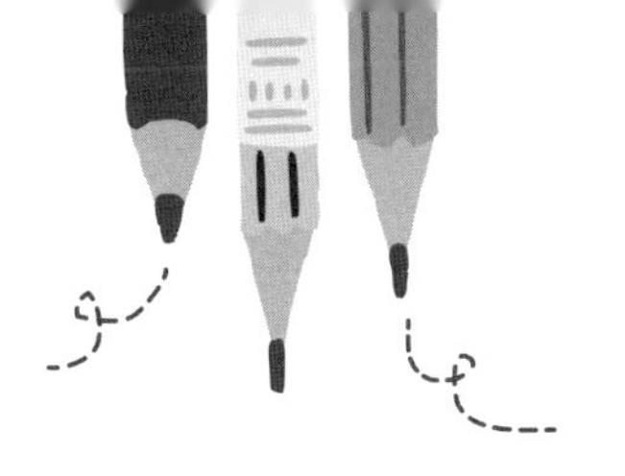

첫 번째
관찰 패턴 글쓰기

관찰(觀察)의 사전적 정의는 '사물이나 현상을 주의하여 자세히 살펴봄'입니다. 아이들에게 설명하기에는 조금 어려운 말이죠. 하지만 글쓰기를 할 때 눈에 보이는 것을 모두 적어보는 관찰 패턴을 설명해주면 바로 이해합니다. 관찰 패턴은 말 그대로 관찰할 수 있는 모든 것을 글로 적어보는 것입니다. 이 패턴의 장점이라면 즉시 글쓰기를 시작할 수 있다는 것입니다. 또한 모든 아이들이 쉽게 따라 할 수 있습니다.

벽에 시계가 걸려 있다.

동그란 모양이다.

시계 테두리는 군청색이다.

흰색 벽과 잘 어울린다.

시계에 바늘이 3개 있다.

지금 11시 15분이다.

짧은 바늘은 숫자 11과 12 사이에 있다.

긴바늘은 숫자 3에 있다.

가는 바늘은 계속 움직이고 있다.

아이들이 벽시계를 관찰하고 쓴 글입니다. 똑같은 시계를 관찰하며 쓴 글인데도 내용은 아이들마다 모두 다릅니다. 2명이 써도 마찬가지고, 10명이 쓴다 해도 그렇습니다. 아무리 많은 아이가 써도 제각기 다른 글이 나오는 이유는 관찰하는 사람이 다르기 때문입니다.

관찰 패턴을 설명할 때는 복잡할 것이 없습니다. 그저 눈에 보이는 것을 하나 정해서 그것이 보이는 대로 글로 쓰게 합니다. 그러면 아이들은 시키지 않아도 평소보다 대상을 자세히 보게 됩니다. 자세히 보면 새로운 것을 발견하기도 하고, 떠오르는 생각도 많아집니다.

"수많은 지식은 관찰에서부터 시작된다."라는 말이 있습니다. 관찰은 수동적으로 보는 게 아닌 적극적 행위를 의미합니다. 아이들이 글을 쓸 때 관찰 패턴을 활용하면 일상에서 스쳐 지나갔던 것에서도 새로운 걸 발견하게 됩니다.

나태주 시인이 쓴 유명한 시 「풀꽃」에서 자세히 보아야 예쁘고 오래

보아야 사랑스러움을 깨닫는다고 한 것처럼 관찰 패턴 글쓰기를 할 때에도 자세히 보고, 오래 보는 것이 필요합니다.

이렇듯 아이들이 관찰 패턴 글쓰기를 잘 활용하면 평소 지나치던 사물을 유심히 보는 힘이 생깁니다. 보는 것을 넘어 눈에 보이지 않는 것을 발견하기도 합니다. 글쓰기를 통한 관찰은 눈으로 보는 것보다 더 강력한 힘을 발휘합니다. 벽시계에 관해 한 번 글을 썼다가 다시 관찰 패턴 글쓰기를 하면 이전에 보지 못한 것을 발견하기도 하고, 벽시계가 전혀 다르게 보이기도 합니다. 반복해서 자세히 보는 행위만으로도 더 많은 것을 관찰할 수 있기 때문입니다. 관찰 패턴 글쓰기는 그 자체만으로도 훌륭한 글쓰기 방법이자 공부의 방식입니다.

관찰, 글쓰기를 가장 쉽게 시작하는 방법

글쓰기에 익숙하지 않은 아이들은 쓸 게 없다면서 한 글자도 쓰지 못하기도 합니다. 그런데 신기하게도 관찰 패턴 글쓰기 시간에는 그런 말을 하는 아이가 없습니다. 오히려 쓸 게 많아서 걱정해야 할 정도입니다. 관찰 패턴 글쓰기의 가장 큰 장점은 무엇을 쓸 것인지 떠오르지 않아도 바로 적을 수 있다는 것입니다.

퓰리처상을 만든 인물이자 미국의 저널리스트인 조지프 퓰리처Joseph Pulitzer는 문장을 잘 쓰는 조건 중 하나로 "그림같이 써라. 그러면 기억 속에 머물 것이다."라고 말했습니다. 한마디로 구체적으로 묘사하라는 말입니다. 이를 아이들에게 설명할 때는 현재 자신에게 보이는 것을 그대로 그림 그리듯 글로 써보라고 하면 됩니다.

아이들에게 밥을 먹을 때 사용하는 숟가락과 젓가락을 그림으로 그려보라고 하면 쉽게 그려냅니다. 그런데 그림을 그리듯 글로 써보라고 하면 처음에는 당황합니다. 만약 숟가락의 색이 은색이라면 그림을 그릴 때 은색 크레파스를 골라 그릴 것입니다. 관찰 패턴 글쓰기로는 어떻게 하면 될까요? 당연히 숟가락은 은색이라고 표현할 수 있을 겁니다. 그런데 다른 아이는 표현을 바꿔서 갈치와 비슷한 색이라고 표현하기도 합니다. 눈에 보이는 것을 글로 묘사하는 방식은 무궁무진하니까요.

이처럼 같은 것을 보고도 표현하는 방식을 달리할 수 있습니다. 매일 식사를 할 때 사용하는 숟가락이나 젓가락을 세심히 관찰하는 경험을 하고 나면 그 사물들이 다시 보이기 시작할 겁니다. 분명 아이들은 글쓰기 전보다 자세히 보는 힘을 갖게 됐을 겁니다.

관찰 패턴 글쓰기에 대해 아이에게 자세한 설명으로 이해시킬 필요는 없습니다. 그저 보이는 대로 적게 하면 아이가 그것을 글로 쓰면서 알아가게 됩니다. 떠오르는 생각이 없어도 곧바로 쓸 수 있는 방법이어서 다른 패턴 글쓰기보다 가장 먼저 적용하기 좋으니 기억해두세요.

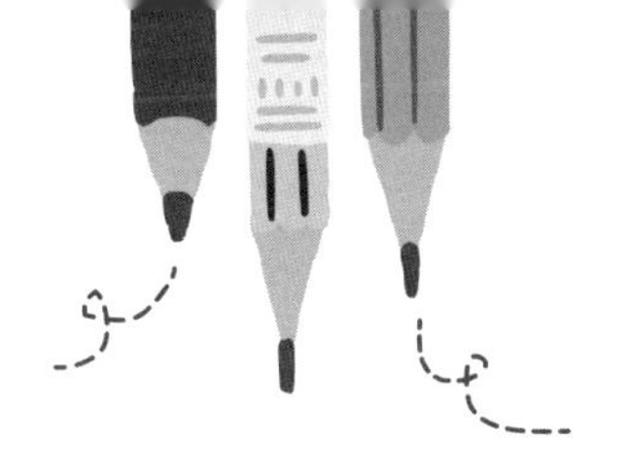

두 번째
오감 패턴 글쓰기

오감 패턴 글쓰기는 말 그대로 오감(五感), 즉 시각, 청각, 후각, 미각, 촉각의 다섯 가지 감각으로 느낀 것을 글로 표현해보는 글쓰기입니다. 아이들에겐 '눈, 코, 입, 귀, 손'을 통해 느낀 모든 것을 글로 표현하면 된다고 말하면 됩니다. 그러면 마치 글이 피부로 와닿듯 가깝게 느껴질 겁니다.

비는 구름에서 낙하산도 없이 겁 없이 낙하한다. 땅과 부딪치면 빗방울은 아픈지 모르겠다. 빗방울은 땅에 낙하하여 땅으로 스며들며 진입한다. 빗방울은 공군인가 보다. 구름에서 착륙하는 비군들이 떨어지면 (중략) 내 머리를 적시며 없어진다.

비가 오는 것을 보고 6학년 남자아이가 쓴 글 중 일부입니다. 이 글을 보니 빗방울이 땅과 부딪치면 어떤 소리가 날지 궁금해집니다. 또 빗방울은 떨어지며 겁이 날지, 땅에 떨어지는 순간 아팠을지를 궁금해하는 아이의 상상력이 신선하게 다가옵니다.

실제로 아이의 글을 보고 나서 얼마 후에 있었던 일입니다. 비가 오고 있었는데, 빗방울이 차 유리에 닿는 순간 납작해지더니 유리 파편처럼 부서지더군요. 저도 모르게 "(빗방울이) 진짜 아프겠구나!"라고 혼잣말을 했습니다. 그 아이의 글을 보기 전까지는 빗방울을 보며 그런 생각을 해보지 못했습니다. 오감 패턴 글쓰기를 통해 세상을 보면 이렇듯 다르게 보이는 것들이 많아집니다.

아이들 시각으로 보는 비

오감 패턴 글쓰기를 활용하면 아이들이 표현하는 방식도 평소와는 달라집니다. 글에서 소리가 나는 것 같고, 감촉도 느껴집니다. 우선 아이들에게 '눈, 코, 입, 귀, 손'을 대신해 연필이 어떤 것을 쓸 수 있을지 생각해보게 합니다. 그러면 아이들은 정말 상상해보지 못한 것들을 수없이 써냅니다. 수업을 진행하는 제 입장에서도 글쓰기 수업 때 귀여운 녀석들이 또 무엇을 쓸지 내심 기다려집니다.

예전에는 '비가 내린다', '소나기가 내린다' 정도로 표현하던 아이에게, 오감 패턴을 활용해 글을 써보라고 하자 '비가 창문에 부딪히면 아플 것 같다'와 같은 글을 쓰기 시작했습니다. 우산을 펼쳤을 때 그 위로 떨어지는 소나기 소리는 또 어떻게 표현할지 궁금해집니다. 우산 밖으로 손을 내밀었을 때 빗방울이 아이 손바닥에 떨어지면 또 어떻게 표현할지도 궁금해집니다. 아이들은 제가 미처 생각해보지 못한 글을 쏟아낼 것입니다.

이처럼 아이들이 오감 패턴 글쓰기를 하게 되면 글이 살아서 꿈틀거리기 시작합니다. 글의 내용도 조금 더 가깝게 다가오게 됩니다. 보고, 듣고, 맛보고, 냄새 맡고, 느낄 수 있기 때문입니다. 쉽게 말해 글을 만지고 느끼며 쓰는 효과가 있습니다.

한번은 글쓰기 수업에서 행복이란 주제로 글을 써보는 시간을 가졌었습니다. 글쓰기를 시작하기 전 행복이 무엇일지 서로 생각하는 바를 이야기해보도록 했습니다. 대부분 행복은 기분 좋은 것이라고 말했습니다. 그러고 나서 오감 패턴 글쓰기로 행복에 대해 적어보게 했습니다. 아이와 함께 참여한 한 엄마가 이렇게 표현했습니다.

조용한 아침이다. 주전자에 물을 넣고 끓인다. 보글보글 물 끓는 소리가 들린다. 몇 달 전 사 놓았던 밀크티가 눈에 보인다. 오늘 아침은 커피보다는 밀크티를 마셔야겠다. (중략) 밀크티를 나만큼 좋아하는 딸을 위해 밀크티를 남겼다.
"하린아~ 밀크티 마셔."

오감 패턴을 활용해 행복을 표현하는 시도를 해보니 따뜻한 밀크티를 마실 때 느꼈던 감정들이 떠올랐던 겁니다. 그래서 그분은 밀크티의 향, 손에 전달되는 따뜻함, 딸과 함께 마신 추억 등을 적은 것입니다.

행복처럼 추상적인 것들은 손에 잡히지 않고 눈에 보이지 않기 때문에 구체적으로 적기 어려울 수 있습니다. 하지만 행복을 느낀 순간에 대해 설명을 하다 보면 글에서 밀크티 냄새도 맡을 수 있고, 따뜻함이 손끝으로 전달된 기억도 적게 됩니다. 이처럼 **오감 패턴 글쓰기는 아이들이 글에 더욱 가까이 다가갈 수 있도록 도와주고, 관념적이지 않고 구체적인 글을 쓸 수 있게 도와줍니다.** 과연 향나무 옆에 다가가면 나무의 향기가 날까요? 아마도 오감 패턴 글쓰기를 활용한다면 가능할 겁니다. 초등 글쓰기에서도 오감으로 느끼며 쓰는 글은 만질 수도 있고 맛도 느껴집니다. 심지어 바람 소리가 들리기도 합니다.

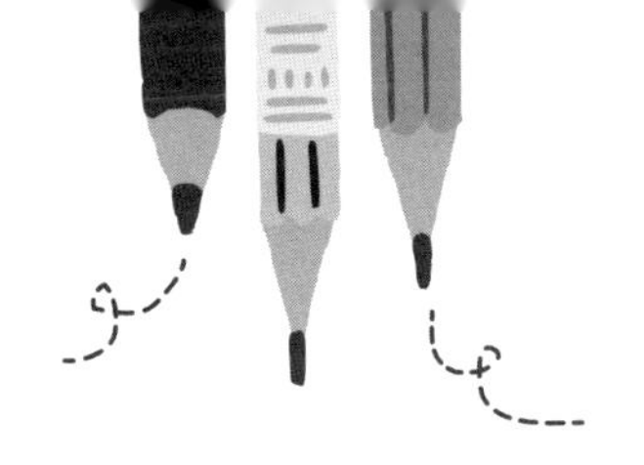

세 번째
질문 패턴 글쓰기

질문 패턴 글쓰기는 말 그대로 질문을 만들어 그것에 대해 대답해보거나 상상한 글을 써보는 것을 말합니다. '왜?'라는 질문을 앞세우면 누구나 쉽게 글머리를 열 수 있습니다.

"이 세상에서 모든 유리들이 사라진다면?"
"여러분이 채식하는 호랑이라면?"
"여러분의 몸 절반이 동물로 변했다면?"

창의적 글쓰기 교육을 하는 비영리 단체 826 발렌시아에서 쓴 『창의력을 키우는 초등 글쓰기 좋은 질문 642』(넥서스, 2016)에 나오는 기발하고 재미난 상상력을 키우는 질문들입니다. 이 외에도 자신이 상상하는 모든 것을 글로 적는 것도 훌륭한 글쓰기가 됩니다. 질문 패턴을 활용하면 황당한 생각도 글감이 될 수 있습니다. 사실 아이들에게 글쓰기를 가르치면서 빠뜨리지 말아야 할 것이 질문 패턴 글쓰기입니다.

미래학자들은 과학기술의 발달로 인해 인간의 생각하는 능력이 약해진다고 입을 모읍니다. 그런 면에서 질문 패턴 글쓰기가 생각하는 능력을 향상시키는 효과적인 대비책이 될 수 있다고 생각합니다. 질문을 만드는 것뿐만 아니라 질문을 던지고 스스로 대답을 만들어가면서 생각하는 힘을 키울 수 있기 때문이죠. 반대로 말하면 질문하지 않으면 대답할 것도 없다는 뜻입니다. 만약 "여러분이 채식하는 호랑이라면?"이라는 질문에 답을 해본다면 다양한 상상을 할 수 있습니다. "육식하지 않고 채소만 먹으면 성격이 온순해지거나 날씬해진다."는 대답처럼 아이들이 마음껏 상상한 답을 글로 적어보게 하세요. 글머리를 여는 좋은 출발점이 될 것입니다.

엉뚱한 질문도 훌륭한 소재가 된다

질문 패턴 글쓰기에 관한 수업을 하면서 "학교는 왜 가야 할까?"와 "학교란 무엇일까?"를 가지고 아이들과 글쓰기를 해봤습니다. 아이들이 엄청난 답들을 쏟아내는 바람에 놀랐습니다. 초등 저학년의 글에서 "학교 안 가면 엄마한테 혼나요."라고 쓴 것을 보면서 웃음을 참느라 혼난 적도 있고, 고학년의 글에서 "학교에 왜 가야 하는지 생각해보지 못했다."는 고민의 글도 본 적도 있었습니다.

어떤 질문에도 정답은 필요 없습니다. 사실 정답도 없습니다. "질문이 답을 바꾼다."라는 말이 있습니다. 질문은 답을 찾아보는 출발점입니다. 출발점을 바꾸면 그에 대한 도착점도 바뀌겠죠. "여러분이 채식하는 호랑이라면?"이라는 질문은 상상력을 끌어내지만, "호랑이는 육식성 동물이다."라고 고정해버리면 채식하는 호랑이를 상상할 수 없는 것과 같습니다.

질문 패턴 글쓰기는 무엇이든 글감으로 만드는 방식입니다. 질문을 받은 사람은 어떤 답이든 찾게 돼 있습니다. 흥미로운 것은 지금 당장 질문에 답한 글과 나중에 다시 답한 글이 다른 경우가 더 많아진다는 것입니다. 질문도 그만큼 자유롭고 다양하게 바꿔서 제시할 수 있습니다. 특히 아이들에게는 질문 패턴 글쓰기 자체만으로도 질문하는 힘을 키워주는 효과가 있습니다. 게다가 질문을 만들면 그 질문에 답해볼 수 있으니 아이의 글머리를 열어주는 훌륭한 패턴입니다.

노벨상을 가장 많이 받은 유대인은 질문을 가르치는 민족이라고도 불립니다. 부모들은 학교에서 돌아온 아이들에게 "무엇을 배웠니?"라고 묻지 않고 "무엇을 질문했니?"라고 묻는다고 합니다. 과연 우리는 아이들에게 무엇을 묻고 있을까요? "영어 단어 몇 개 외웠니?", "수학 문제는 몇 개 맞혔니?"라는 질문만 하고 있지는 않은지 생각해보세요.

아이 스스로 질문할 수 있는 글쓰기를 하면 더 좋은 영향을 받을 수 있습니다. "영어 단어는 왜 암기해야 할까?"와 같은 간단한 질문부터 해보면 아이가 공부를 해야 하는 이유를 생각할 수 있으니 더욱 훌륭한 답을 찾아볼 수 있는 기회가 될 것입니다. 질문에 답을 하고, 다양한 질문을 만들어보는 것은 질문 패턴 글쓰기에서 가장 중요한 핵심입니다. 질문을 만들어보지 못한 아이들은 질문하는 것 자체도 어려워합니다. 그래서 질문 패턴 글쓰기를 알아두면 두 마리 토끼를 잡는 효과가 있습니다. 질문을 만드는 능력도 생기고 그것을 가지고 글쓰기도 할 수 있으니까요.

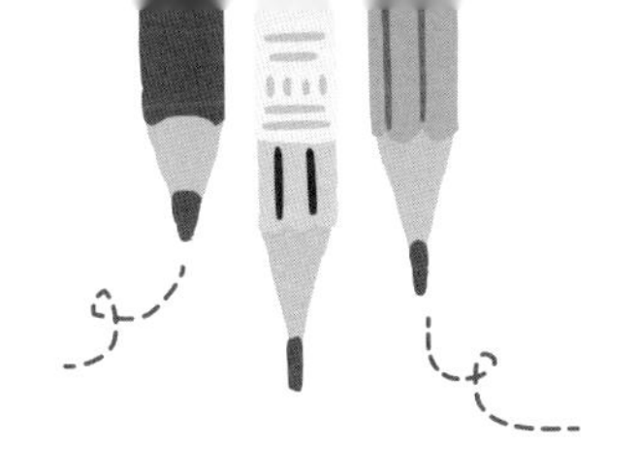

네 번째
감정 패턴 글쓰기

감정 패턴 글쓰기는 자기가 느끼는 감정을 구체적이고 다양한 방식의 글로 적어보는 것입니다. 자신의 내면에 깃든 감정의 존재를 느끼고 알 수 있다는 장점이 있습니다.

"오늘 어떤 기분이 들었나요?"
"기뻤어요."
"어떤 좋은 일이 있었나요? 오늘 있었던 일들을 써보세요."

감정 패턴 글쓰기를 할 때 자주 사용하는 말입니다. 보통 아이들은 지금 기분이 어떤지 물으면 "별로예요."라는 말을 많이 합니다. 그래도 상관없습니다. 인간의 감정이란 기쁘고, 슬프고, 신나고, 무섭고, 화나는 과정을 수없이 반복하기 때문입니다. "별로예요."라는 말은 아직까지 자기 감정을 들여다보는 것이 서투른 상태일 뿐입니다.

예를 들어 즐거웠던 감정을 적어본다고 가정합시다. "영미가 집에 돌아가는 길에 붕어빵을 사서 나에게도 줬다. 따끈한 붕어빵을 먹는데 기분이 좋다."라는 글을 쓸 수 있습니다. 이렇게 감정에 관해 쓸 때 "즐거워요."라고 단순히 쓰는 것이 아니라 왜 즐거웠는지에 대한 내용을 자세히 쓰는 것이죠. 그 과정을 통해 자신이 느끼는 감정을 살펴보게 됩니다. 감정의 근거를 쓰는 데 익숙하지 않은 아이들에게 "오늘 어떤 기분인가요?"라고 물으면 시원한 대답이 나오지 않습니다. 하지만 기뻤던 것, 슬펐던 것, 친구에게 서운했던 것 등 구체적인 사건과 그로 인해 느꼈던 감정을 더 자세하게 쓰는 연습을 해보면 아이들의 글쓰기 실력이 몰라보게 달라집니다.

자신의 감정을 돌아보기

감정 패턴 글쓰기를 하게 되면 자신이 느끼는 감정을 자세히 알 수 있을 뿐만 아니라 주변의 친구들을 더 잘 이해하게 됩니다. 친구와 다투고 기분이 좋지 않았던 이야기를 글로 쓰다 보면 친구가 왜 화가 났었는지를 돌아보게 됩니다. 글 쓰는 과정에서 속상한 것을 적으면서 자신도 친구에게 화냈던 것을 발견하게 됩니다. 이 과정에서 자신에게 생긴 감정 덩어리를 발견할 수 있습니다.

자신의 감정을 잘 알수록 친구가 느낀 감정도 이해할 수 있게 됩니다. 이렇게 감정 패턴 글쓰기를 통해 아이들은 자신의 감정을 더 잘 들여다볼 수 있습니다. 자신의 감정을 잘 알수록 상대를 이해하는 폭도 더 커집니다.

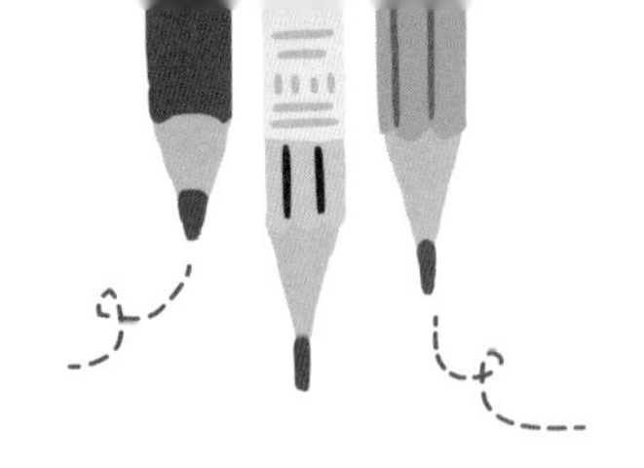

다섯 번째
주제 패턴 글쓰기

주제 패턴 글쓰기는 한 가지 주제를 가지고 여러 편의 글쓰기를 하는 방식입니다. 주로 책쓰기에 활용되며, 아이에게 자연스럽게 지속적으로 글을 쓰는 습관을 길러주는 방법이기도 합니다.

일단 하나의 주제를 정해서 그것과 연결된 여러 편의 글을 써보는 것입니다. 단편적인 글쓰기를 넘어 여러 편을 쓴다는 점에서 가장 효과적으로 글쓰기 습관을 만드는 방법입니다. 다섯 가지 패턴 글쓰기 수업 중 마지막 단계로 제시하는 이유는 책쓰기와 비슷한 방식이기 때문입니다.

앞서 설명한 관찰, 오감, 질문, 감정 패턴 글쓰기는 글감을 가지고 한 편씩 글을 쓰는 방법입니다. 반면 주제 패턴 글쓰기는 주제를 하나 만들어 여러 편의 글을 씁니다. 보통 초등 글쓰기는 일회성으로 끝나는 경우가 많은데 주제 패턴 글쓰기를 하면 평소에도 아이가 지속적으로 쓸 수 있도록 도와줍니다. 그렇게 여러 편의 글을 쓰다 보면 다른 패턴 글쓰기를 모두 적용해 쓸 수 있게 됩니다. 그래서 책쓰기를 연습할 때 주제 패턴 글쓰기를 자주 활용하면 좋습니다.

제가 글쓰기와 책쓰기를 연결지어 설명하면 "아이들이 어떻게 책을 써요?"라며 의아해하는 분들이 있습니다. 원리를 알면 쓰지 못할 이유는 없습니다. 주제 패턴 글쓰기의 목적은 아이들이 여러 편의 글을 쓰도록 돕는 것입니다. 만약 처음부터 출간을 목표로 한다면 글을 쓰는 것이 부담스럽고 시간도 오래 걸려 힘들겠지만, 주제 패턴 글쓰기를 많이 연습했다면 책쓰기에 도전하는 것도 불가능한 일은 아닙니다. 다만 충분히 연습해서 실력을 키우는 과정이 필요합니다. 실제로 주제 패턴 글쓰기를 가르쳐보면 글쓰기 수업 때만 글을 쓰던 아이가 집에서도 글을 한두 편씩 쓰기 시작합니다. 이것만으로도 충분히 목적을 달성한 것입니다.

글쓰기를 지속시키는 주제

주제 패턴 글쓰기가 다른 패턴(관찰, 오감, 질문, 감정) 글쓰기와 다른 특징 중 하나는 바로 주제에 관련된 여러 편의 글을 쓴다는 것입니다. 다른 패턴 글쓰기들은 여러 편의 글을 써도 대부분 독립된 이야기 형태로 쓰입니다. 예를 들어 관찰 패턴으로는 '나무', '구름', '산' 등 개별적인 글감을 가지고 각각 한 편의 글을 쓰게 됩니다.

'나무'를 가지고 주제 패턴 글쓰기를 한다면 먼저 나무와 관련된 주제를 만듭니다. 나무가 어떻게 생겼는지, 손으로 만지면 어떤 느낌이 드는지, 그리고 바람이 나뭇가지를 흔들고 지나가거나 개미가 나무 위를 올라가는 모습도 글로 적을 수 있습니다.

한번은 아이들과 야외에 나가 글을 쓴 적이 있습니다. 마침 아이들이 사는 곳 근처에 느티나무가 있었습니다. 아이들과 함께 느티나무에 관한 주제를 만들어 여러 편의 글을 써보기로 했습니다. 그렇게 아이들과 함께 글쓰기의 주제를 '우리 집 옆 느티나무 친구'로 정했습니다.

주제를 잡았으니 다음은 제목을 떠올려보는 것입니다. 느티나무를 유심히 관찰해도 되고, 머릿속에서 문득 떠오르는 것을 제목으로 정해도 됩니다. 만약 아이가 느티나무에 이름을 만들어주고 싶다고 생각했다면 그것을 제목으로 정해도 됩니다. 그렇게 정한 글의 제목이 "느티나무 이름 지어주기"였습니다.

제목을 정하고 한 편의 글을 써보면 주제 패턴 글쓰기가 시작됩니다. 아이가 느티나무와 친구처럼 지내기 위해 어떤 이름을 지을 것인지에 대해 적을 수도 있고, 아이와 부모가 함께 느티나무 이름을 만들어주며 대화한 이야기도 적을 수 있습니다. 다른 제목도 계속 만들 수 있습니다. 예를 들어 '느티나무와 함께 사는 가족'으로 제목을 정할 수도 있습니다. 나무 이외에도 개미, 매미, 거미 등 나무와 함께 살아가고 있는 곤충에 대해 써도 한 편의 글이 됩니다. '우리 집 옆 느티나무 친구'라는 주제에서 또 다른 제목도 정할 수 있습니다. 예를 들어 한 아이는 "느티나무는 우산이 없네!"라고 적었습니다. 그렇게 비가 오는 날 우산을 쓰고 느티나무를 지나면서 느꼈던 감상에 대한 글도 쓸 수 있습니다.

주제 패턴 글쓰기를 시작하면 단편적으로 쓰는 것보다 확장된 세상을 만나게 됩니다. 아이가 나무에 얽힌 비밀스러운 이야기를 쓴다면 또 다른 제목이 나올 수 있겠죠. '느티나무에게 말한 비밀'이라는 제목을 정하고 자신이 가지고 있는 비밀에 대해 느티나무와 이야기를 나눈다는 상상의 글도 쓸 수 있을 겁니다. 이러한 글쓰기를 통해 아이가 갖고 있는 생각과 감정 그리고 상상력이 얼마나 무궁무진한지를 알 수 있습니다.

처음에는 흥미를 보이지 않던 아이도 주제 패턴 글쓰기를 경험하면 쓰고 싶은 것이 너무 많아 고민합니다. 저도 나무에 관심이 많아 시간 날 때면 오래된 나무를 찾아 구경하곤 합니다. 이때 자주 보는 나무가 느티나무입니다. 병충해도 적고, 웬만한 환경에서도 잘 자라는 특성 덕분에 오래된 나무 중 대부분이 느티나무입니다.

매번 느티나무를 볼 때마다 식구들은 이구동성으로 "또 느티나무네!"라고 탄식합니다. 하지만 느티나무가 생명체라는 것을 느낀 순간부터는 세상에 존재하는 유일한 나무로 받아들이게 됐습니다. 그 뒤로는 "또 느티나무네!"라며 탄식하는 말이 더 이상 나오지 않았습니다. 집 옆에 있는 느티나무의 이름을 지어준다면 이처럼 생명의 고귀함을 느끼는 계기도 될 수 있을 겁니다.

나무 인문학자인 강판권 교수는 『자신만의 하늘을 가져라』(샘터, 2016)에서 나무를 인간과 동등한 생명체로 바라봐야 한다고 말합니다. 그러면서 〈사람이 꽃보다 아름다워〉라는 노래를 싫어한다고 했습니다. 어떻게 사람이 꽃보다 아름답다고 할 수 있냐는 반론인 셈이죠. 생명이 있는 모든 것은 어떤 것과도 비교 대상이 될 수 없을 만큼 존재 자체만으로 위대하다는 말입니다.

강판권 교수의 혜안을 바탕으로 아이가 느티나무 이름을 지어주는 주제의 글을 쓴다면 어떤 내용이 될지 궁금해집니다. 이처럼 주제 패턴 글쓰기는 주제만 만들면 여러 개의 제목을 만들 수 있습니다. 봄, 여름, 가을, 겨울마다 느티나무가 어떻게 변하는지도 쓸 수 있습니다. 자기 꿈이 무엇인지를 느티나무에게 알려준 것도 쓸 수 있습니다. 어떤 곤충들이 느티나무에 살고 있는지에 대해서도 쓸 수 있습니다.

주제 패턴 글쓰기로 다양한 제목의 글들이 쌓여갈수록 아이는 이미 초등 작가라고 할 수 있습니다. 작가는 매일 글을 쓰는 사람이란 말이 있습니다. 반드시 출간해야만 작가가 아닙니다. 아이가 평소 글쓰기를 즐기고 끊임없이 글쓰기를 한다면 우리 아이들을 모두 작가라고 불러줘야 합니다. 그리고 그러한 작가로 가는 과정에 가장 좋은 훈련이 주제 패턴 글쓰기입니다.

5장

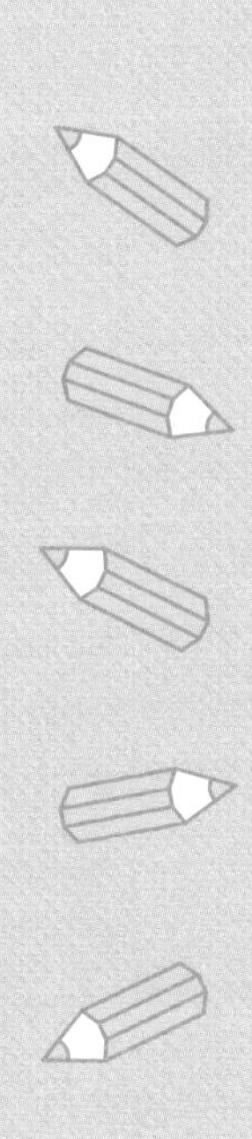

일상을 글감으로 만드는 관찰 패턴 글쓰기

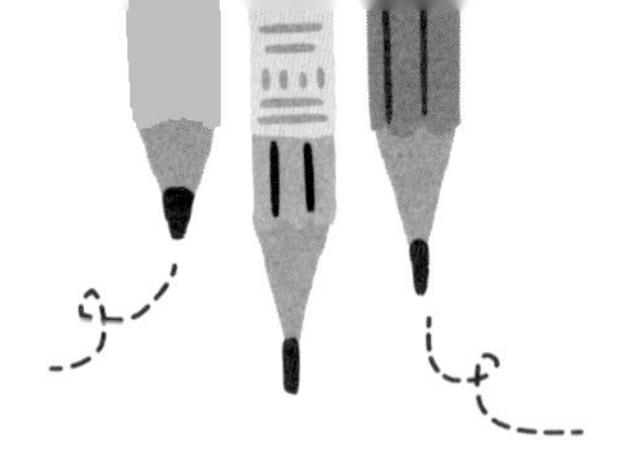

보이는 것이면 무엇이든 글감이 될 수 있다

우리는 오감으로 사물을 느낍니다. 시각, 청각, 후각, 미각, 촉각의 다섯 가지 감각 중 가장 많은 정보를 받아들이는 감각은 시각입니다. 과학자들은 인간의 감각 중 시각의 비중이 70~90퍼센트를 차지한다고 말합니다. 초등 글쓰기 수업에서도 처음 시작할 때는 대부분 관찰 패턴 글쓰기부터 연습합니다. 대상을 자세히 들여다보는 것부터 시작하는 것이죠. 자세히 본다는 의미는 좁게는 눈으로 보는 시각적인 것부터 넓게는 손끝에 느껴지는 촉감이나 코로 느끼는 후각을 비롯한 오감으로까지 확장할 수 있습니다.

관찰 패턴 글쓰기는 '눈에 보이는 대로 써보기'부터 시작합니다. 가장 좋은 글감은 마주 앉아 있는 친구의 얼굴입니다.

"지금부터 마주한 친구의 얼굴을 글로 적어보겠습니다."

매일 학교에서 만나는 친구지만 가까이서 살펴보면 새로운 것들을 발견하게 됩니다. 머리 모양은 어떤지, 머리카락 색은 무슨 색인지 자세히 들여다보게 되죠. 이렇게 아이들의 관심을 살짝 건드려주기만 해도 신나게 글을 쓸 준비가 됩니다. 그중에는 글쓰기를 힘들어하는 아이도 있습니다. 그런 아이들의 긴장을 풀어주기 위해서 1분 정도 자신이 마주하고 있는 친구의 모습을 큰소리로 말해보도록 시킵니다.

"머리가 노랗다! 눈 밑에 점이 있다!"

갑자기 누군가 먼저 이야기를 시작하면 너도나도 앞다투어 참새가 재잘거리듯 입을 엽니다. 이내 교실이 왁자지껄 시끄러워집니다. 그 정도가 되면 관찰 패턴 글쓰기를 할 분위기는 무르익습니다.

"이름 적지 마세요."

이렇게 말하면 아이들은 눈을 동그랗게 뜨고 저를 바라보며 무슨 말인지 의아해합니다.

"지우개는 필통에 다시 넣어 두세요. 글을 쓰다 마음에 안 들거나 맞춤법이 틀리면 연필로 두 줄을 긋고 계속 써보세요. 10분 동안 누가누가 많이 쓰는지 글 달리기 게임을 해보겠습니다."

그러고 나서 제가 시작을 알리는 신호를 주면 몇몇 아이들의 손이 분주히 움직이기 시작합니다. 깨알같이 작은 글씨로 종이 한 장을 가득 채우는 아이도 있습니다. 분량을 채우기 위해 글자를 큼지막하게 쓰는 아이도 있습니다. 그런 아이들에게 "글자를 크게 쓰는 방법도 있구나!

기발한 생각이네!"라고 칭찬해주면 더 신나서 씁니다. 자유롭게 글을 쓰는 10분은 눈 깜짝할 사이 지나가버립니다. 모두가 글쓰기를 마치고 나면 한 사람씩 나와서 각자 쓴 글을 발표하고 다른 사람은 친구 얼굴을 어떻게 표현했을지 집중해 듣는 시간을 가집니다.

눈이 두 개다.

코는 하나다.

입도 하나다.

자세히 보니 콧구멍도 두 개다.

한 아이가 친구의 얼굴을 보고 묘사한 글의 일부입니다. 글을 쓴 아이는 학교에서도 개구쟁이 친구 같았습니다. 그 글을 듣고는 모두 빵 하고 웃음을 터뜨렸습니다. 배꼽 빠지게 웃다 교실 바닥에 주저앉는 아이도 있었습니다. 아이들의 웃음소리는 한참 지나서야 멈췄습니다. 글 쓴 아이에게 다가가 이렇게 말했습니다.

"오! 그러고 보니 정말 콧구멍은 두 개네."

잘 썼다고 칭찬을 해주니 아이들은 또다시 웃음이 터졌습니다. 사실 글쓰기가 귀찮아 마지못해 적은 내용이었던 것입니다. 분량을 채우기 위해 큼지막한 글씨로 쓴 것도 기발한 생각이라고 칭찬해줬습니다. 칭찬받은 아이는 멋쩍은 표정을 내비칩니다. 하지만 얼굴에는 글쓰기가 별것 아니라는 속마음이 다 쓰여 있습니다.

관찰 패턴으로 글을 시작할 때는 어떻게 시작해도 좋습니다. 간혹 문장 진행이 엉망이고 장난처럼 쓰는 것은 글쓰기가 아니라고 말하는 분도 있습니다. 그런 분들에게 말씀드리고 싶습니다. 과연 매번 머리를 쥐어짜고 고민하며 글을 쓰는 아이가 계속 글을 쓸까요? 아직까지 저는 주변에서 그런 아이를 보지 못했습니다. 오히려 장난처럼 글을 쓰다 재미를 느껴 지속해서 글을 쓰는 아이는 많았습니다.

아이뿐만 아니라 어른들도 글쓰기를 할 때 먼저 써보는 경험이 필요합니다. 조금 엉성하게 쓰면 어떻습니까. 일단 써보는 것이 중요합니다. 형식에 얽매여 글을 쓰는 재미까지 빼앗을 필요는 없습니다. 어떤 방법이든 글을 써보게 하는 것이 중요합니다. 글을 쓰기에 앞서 글에 관한 수업이나 정보를 많이 보고 시작하겠다는 것은 찰흙 놀이를 하고는 싶은데 손이 지저분해질까 봐 눈으로만 보겠다는 것과 같습니다. 일단 찰흙으로 무언가를 만들려면 손에 찰흙을 묻혀가며 모양을 만들어야 합니다.

글쓰기가 즐겁고, 만만하다고 느껴지면 아이들의 눈빛부터 달라집니다. 그런 아이들에게 글쓰기는 상상력과 감성을 깨우는 연결고리가 되어줍니다.

머리는 검은색이라기보다 약간 갈색이다.
눈꼬리는 처져 있다.
항상 잘 웃는다.

왼쪽 볼에 보조개가 있다.

얼굴은 가무잡잡하다.

이 글을 보면서 벌써부터 평가의 잣대를 대고 싶은 분도 있을 겁니다. 하지만 두 글 모두 훌륭한 글입니다. 두 아이가 본 얼굴은 제각기 다릅니다. 초등 글쓰기의 첫걸음은 다른 무엇보다 써보는 것이 우선시돼야 합니다. 그러면 아이들은 그 과정을 통해 글이 만만해지고, 쓸수록 재미를 느끼게 됩니다. 아이가 글을 쓰기 시작하고 글쓰기에 흥미를 느끼게 되면 자연스럽게 실력도 점진적으로 향상됩니다.

특히 관찰 패턴 글쓰기 수업은 주입식 교육에 반기를 드는 시도입니다. 글쓰기는 암기 공부가 아닌 창의적 공부입니다. 아이 스스로 주체적으로 보고 생각하고 자신만의 이야기를 쓰는 행위를 이끌어내는 시간입니다. 그러므로 관찰 패턴을 활용해 글을 쓰면 글을 쓰지 못하는 아이가 없어집니다. 한껏 여유가 생기면서 글을 쓰는 내내 웃음소리도 커집니다. 관찰을 통해 글을 쓰라고 했을 뿐이므로 글쓰기에 겁을 먹는 아이도 없어집니다. 거침없이 쓰고, 조금 장난스럽게 써도 괜찮다고 칭찬해주면 아이들은 신나서 별의별 이야기를 다 씁니다.

"보이는 대로, 욕만 빼면 무엇이든 써도 좋아요."

이 한마디로 관찰 패턴 글쓰기는 시작됩니다.

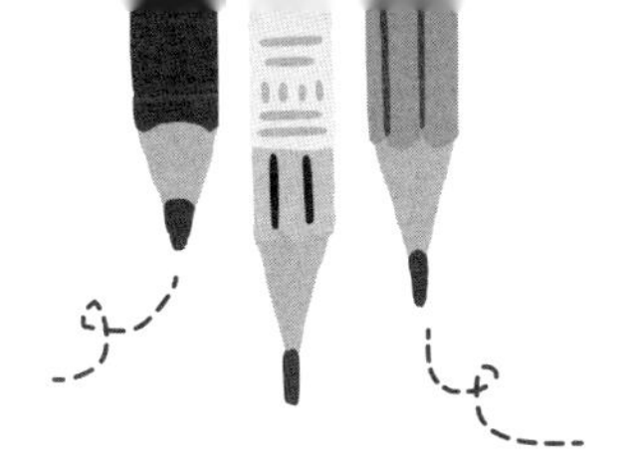

상상력의 바탕이 되는 관찰의 힘

초등 글쓰기 수업에서 10분 글쓰기 시간을 만들어 적용하게 된 계기는 간단했습니다. 아이들이 좀 더 글을 쉽고 즐겁게 쓸 수 있는 방법을 알려주자는 것이었죠.

초등 글쓰기 수업을 진행하며 놀란 사실은 대부분의 아이들이 평소에 글을 잘 쓰지 않는다는 것입니다. 일기도 쓰고, 스마트폰으로 문자도 보내지만, 정작 자유로운 글을 써본 경험이 없었습니다. 너도나도 글쓰기가 필요하다고 말은 하지만 왜 글쓰기가 중요한지, 어떻게 글을 써야 하는지에 대해 막연한 장벽 같은 것이 있는 것 같았습니다. 게다가 공부하기도 벅찬 아이들에게 일부러 시간을 쪼개어 글을 써야 한다고 말하는 것도 현실감이 없어 보였죠.

평소 글을 쓰면 좋은 점이 많습니다. 무엇이든 유심히 관찰하는 힘을 키울 수 있습니다. 또 자기 생각을 더 구체적으로 알게 해줍니다. 기쁘고 슬픈 자신의 감정을 이해하는 데도 도움이 됩니다. 공부에도 밀접한 관련이 있습니다. 책을 읽고 자신이 소화한 것을 글로 적으면 이해력도 향상됩니다.

하지만 아무리 글쓰기의 장점이 많다고 해도 실천에 옮기기 힘든 이유는 글쓰기 습관이 만들어져 있지 않기 때문입니다. 습관을 만들기 힘든 이유 중 하나는 막막함입니다. 막상 무언가 적으려 하면 무엇을 써야 할지 모르기 때문입니다. 결국 글쓰기의 막막함을 어떻게 풀어줄 것인지가 초등 글쓰기의 어려움을 해결하는 시작점입니다.

보이는 것을 적는다

초등 저학년도 관찰 패턴을 활용하는 글쓰기를 알려주면 신나서 글을 씁니다. 그저 자신이 본 것을 있는 대로 써도 되기 때문입니다.

"쓸 · 게 · 없 · 어 · 요."

관찰 패턴을 활용하면 아이들이 더 이상 생각이 떠오르지 않아 쓰지 못하겠다는 말을 하지 않습니다. 글을 쓰지 못하겠다는 아이에게도 주위에서 보이는 것을 정해주면 쉽게 해결됩니다. 만약 글을 쓰기 위해 책상에 앉아 있다면 책상을 가지고 관찰 패턴 글쓰기를 하면 됩니다. 그럼 이렇게 질문하는 아이도 있습니다.

"선생님, 책상을 보고 어떻게 써요?"

"책상이 보이는 대로 적어도 좋고, 떠오르는 생각을 자유롭게 적어도 돼요. 책상이 무슨 색깔인지, 생김새는 어떠한지, 어떤 재질로 만들어졌는지, 책상을 보며 떠오르는 생각이 있는지 등을 적어보세요."

"선생님, 글을 쓰면서 생각해도 되겠네요."

아이들의 글쓰기 수업에 참여해 함께 글을 써본 한 아빠가 말했습니다. 정확히 맞는 말입니다. 눈에 보이는 것을 왜 적지 못하느냐고 말할 수 있지만, 실제로 글쓰기를 시작하지 못하는 아이들이 많습니다. 처음부터 수영을 잘하는 사람은 없습니다. 수영을 배울 때에도 이론적으로 배우기에 앞서 일단 물속에 들어가 첨벙거리면서 물과 친해져야 합니다.

관찰 패턴 글쓰기의 최대 장점이라면 즉시 써보게 하는 효과를 빼놓을 수 없습니다. 글을 잘 쓰기 위해서는 많이 써보는 게 중요하다고 말하지만, 대부분 그 방법까지 알려주지는 않습니다. 의지를 불태우며 무조건 열심히 쓰면 될까요? 글쓰기를 시작하려는 노력도 필요하지만, 그보다는 쉽게 쓸 수 있다는 경험을 먼저 해봐야 합니다. 사실 큰 틀에서 보면 설명문이나 논설문, 기행문 등도 글의 구조적 패턴을 갖고 있습니다. 하지만 초등 글쓰기에서 말하는 패턴은 그런 것이 아닙니다. 아이들이 쉽게 글쓰기를 시작할 수 있게 동기 부여하는 패턴을 만들어 주는 것입니다.

보이지 않는 것도 쓰게 된다

눈앞에 보이는 것만을 쓴다고 해도 글을 쓰다 보면 변화가 생깁니다. 유심히 사물을 바라보는 습관이 생기기 때문이죠. 예를 들어 친구의 얼굴을 보고 글을 써보라고 하면 예전에 보지 못한 점을 발견합니다. 얼굴을 찡긋거리는 습관도 찾아냅니다. 눈 밑에 점이 몇 개 있는지도 알게 됩니다.

관찰은 대상을 유심히 살펴보는 것부터 시작됩니다. 그렇게 자세히 들여다보며 글을 쓰면 점점 관심사가 늘어납니다. 집 근처 나무도 마찬가지입니다. 평소에 무관심하게 보고 지나치던 나무줄기에서 상처도 보이고, 계절마다 달라지는 모습도 발견하게 됩니다.

주변의 사물을 새롭게 바라보는 것은 어려운 일이 아닙니다. 대상에 관심을 가지고 자세히 보기 시작하면 됩니다. 그래서 관찰 패턴을 활용하면 사물을 보는 눈과 생각이 깊어집니다. 아이들에게만 국한된 것이 아닙니다. 어른들도 관찰 패턴에 익숙해지면 사물을 보는 눈이 달라집니다.

언젠가 간밤에 태풍이 휘몰아치고 지나간 뒤 창문 사이로 아침 햇살이 성큼성큼 넘어오고 있는 것을 발견했습니다. 햇살을 바라보며 관찰 패턴으로 활용할 만한 글감으로 무엇이 좋을지 생각하다 창문이 눈에 들어왔습니다.

"오늘은 '창문'으로 관찰 패턴 글쓰기를 해보겠습니다."

글쓰기에 앞서 창문이 어떻게 보이는지, 창문을 보며 떠오르는 생각이 있는지 아이들과 자유롭게 이야기하며 긴장을 풀었습니다. 그리고 10분 동안 멈추지 않고 많은 글을 써보라고 했습니다. 10분 글쓰기를 하면서 창문이 어떤 모양인지, 테두리는 어떤 색인지, 창문을 통해 보이는 밖의 경치는 어떤지 등등 눈에 보이는 것을 적느라 한 장의 종이를 가득 채우고 모자란 아이도 있었습니다.

대뜸 창문을 떠올리고 생각나는 것들을 써보라고 하면 대부분 글쓰기 자체를 힘들어합니다. 관찰 패턴이 글쓰기에 좋은 도구인 이유는 눈에 보이는 것을 적기 때문입니다. 또 눈에 보이는 것뿐만 아니라 더 깊은 곳까지 관찰할 수 있습니다. 시각적인 것뿐만 아니라 귀나 손끝으로 전해지는 감각, 즉 오감을 모두 동원해서 관찰할 수도 있습니다. 10분 글쓰기에서 중요한 것은 거침없이 쓰는 경험을 해보는 것입니다.

제목: 창문

나무가 보이고 하늘과 구름이 보인다.

집에 지붕이 보인다.

나무가 흔들린다. (중략)

놀이터와 차 그리고 동물 종도 흔들린다.

그리고 정자 위에 잠자리가 앉아있다.

벌과 나비가 날아다닌다.

나무가 흔들릴 때 나한테 뭐라고 말하는 것 같다.

부모와 아이가 함께 관찰 패턴 글쓰기를 할 때 한 아이가 창문 너머로 보이는 것을 적은 글 중 일부입니다. 눈에 보이는 것으로 글을 시작하지만 아이는 나무가 흔들리면서 자신에게 어떤 이야기를 건네는지 궁금했다고 합니다. 이렇게 눈에 보이는 것을 관찰하다 보면 결국 나무와의 대화를 시도하는 것처럼 글쓰기의 경계가 점점 확장됩니다.

제목: 창문
바람은 창문을 넘지 못했다.
자작나무 무리는 뿌리가 뽑힐 듯 함께 흔들렸다.
햇빛에 반짝이던 나뭇잎은 찢기고, 흔들리고, 또 흔들리며 뜯겨 나갔다.
(중략) 오늘은 구름이 많지만 밝다.
바람은 잔잔해졌다.
풍경이 창문을 넘었다.

아이와 함께 글쓰기 수업에 참여한 한 아빠의 글 중 일부입니다. 아이들은 대부분 창문의 모양과 바깥 풍경을 씁니다. 부모도 마찬가지이지만 결국 보이지 않는 것으로 연결됩니다. 상상력과 창문이라는 글감과 결합하면 추상적 표현인 풍경이 넘나드는 창문으로 확장되기도 합니다. 왜 나뭇잎은 떨어지는지 등 평소 생각하지 못했던 궁금증이 상상으로 이어지기도 합니다.

글과 친해지는 놀이

관찰 패턴 글쓰기는 글과 친구 되기 놀이라고 할 수 있습니다. 글쓰기가 별것 아니라는 생각이 들면 성공입니다. 그런 경험을 자주 반복하게 해주면 글쓰기를 힘들어하던 아이도 많이 달라집니다.

"창문은 태풍을 넘지 못했다."라는 주제로 글쓰기를 하던 수업 때였습니다. 아이들에게 글 쓰는 시간이 2분 정도 남았다고 알려줬습니다. 그러자 아이들은 창문으로 달려가 코가 닿을 정도로 붙어서 무언가 열심히 적었습니다.

창문 위쪽에 거미집이 있다.
손톱보다 작은 거미가 한 마리 꼼짝하지 않고 있다.

창문에 다가가 발견한 거미줄에 대해 적은 것입니다. 또 다른 아이는 창문 밖 풍경에 대해 썼습니다. 이렇게 아이들은 창문 하나만으로도 다양하고 많은 분량의 글을 쏟아냅니다. 일단 쓰는 것이 어렵지 않다는 것을 반복해서 경험하면 누구나 놀이하듯 쓸 수 있습니다.

관찰 패턴 글쓰기를 활용하면 한 글자라도 더 많이 적기 위해 아이들이 적극적으로 변하는 것을 느낄 수 있습니다. 무엇보다 자유로운 글쓰기를 할 줄 알아야 글쓰기가 어렵고 힘들다고 느끼지 않습니다. 머릿속을 쥐어짜듯 고민해야 하고, 맞춤법도 신경 써야 하고, 글자도 또박또박 써야 하는 틀에 갇혀 있기만 하면 글쓰기가 힘들어집니다. 그럴 필요가 없다는 것을 아이들에게 알려주세요. 그렇게 글을 쓰면 성인도 글쓰기를 어려워하게 됩니다. 글쓰기가 쉽고 즐거워지면 더 이상 쓰지 말라고 해도 아이들이 글을 쓰게 될 겁니다.

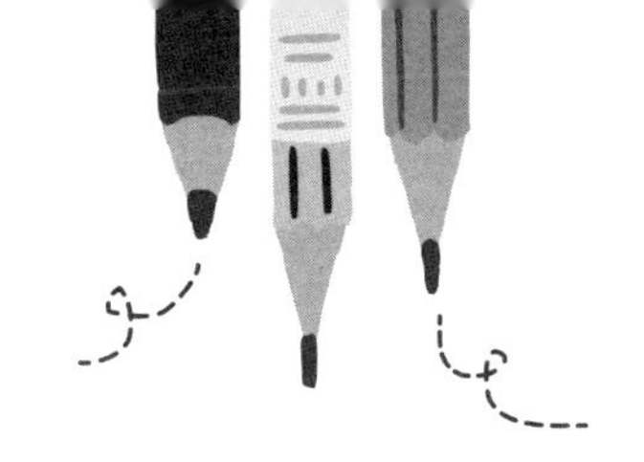

지우개도 평가도 필요없는 글쓰기

아이들의 글쓰기 연습에 가장 효과적인 방법 중 단 하나를 말하라면 1초의 망설임도 없이 말합니다. 일단 써보는 것. 쓰겠다는 생각이 들었다면 즉시 써봐야 합니다. 책 읽는 것도 중요하고 글을 어떻게 쓰는지 배우는 것도 중요합니다. 하지만 배우느라 글쓰기를 나중으로 미루는 '미룸신'까지 등장시키면 누구라도 글을 완성할 수 없습니다.

관찰 패턴 글쓰기는 문장의 완성도에 집중하기보다 글쓰기를 두려워하지 않고 재미난 놀이처럼 생각하게 만들어줍니다. 무엇보다 흥미를 느끼면 글을 자주 쓸 확률이 높아집니다. 글을 자주 쓰지 않고도 글쓰기를 잘하는 아이는 없습니다. 그래서 글쓰기의 시작은 쉬워야 합니다.

우선 아이가 주변에 보이는 것을 써보도록 이끌어주세요. 아이가 교실에 있다면 친구, 책상, 의자, 가방, 연필 등에 대해, 운동장 벤치에 앉아 있다면 철봉, 그네, 모래 등에 대해, 식탁에 앉아 있다면 숟가락, 젓가락, 냉장고 등에 대해 쓰면 됩니다. 우리 주변에 글로 쓸 것은 수없이 많습니다. 자신의 손을 보고 쓸 수도 있습니다. 단 한 줄이라도 적어보는 것만큼 좋은 글쓰기 선생은 없습니다.

간혹 학교나 가정에서는 관찰 패턴 글쓰기를 어떻게 적용할 수 있는지 물어보는 분들이 있습니다. 제가 주로 사용하는 방법을 알려드리지만, 여건에 따라 적당히 변형시켜도 됩니다. 관찰 패턴을 포함해 다섯 가지 패턴 모두 기본적인 준비는 같습니다. 지우개를 치우세요. 그리고 각 패턴을 활용한 10분 글쓰기를 실시합니다. 그리고 자신이 쓴 글을 소리 내어 읽어보는 겁니다. 이러한 기본 공식을 각 패턴에 적용하면 됩니다.

글쓰기에 지우개는 필요하지 않다

관찰 패턴 글쓰기를 할 때 지우개를 사용하지 않고 쓰는 것이 좋습니다. 만약 글을 쓰다 고치고 싶은 것이 생겼을 때 지우개를 사용하게 되면 글 쓰는 것을 멈추게 됩니다. 글을 쓸 때는 틀려도 괜찮습니다. 아이가 지우개를 손에 쥐는 순간 성큼성큼 적어나가는 것을 멈추게 되고, 글쓰기를 멈추게 되면 관성의 법칙이 적용돼 글을 다시 쓰는 데 많은 힘이 듭니다. 심한 경우에는 글쓰기를 포기하기도 합니다.

패턴 글쓰기 수업을 할 때는 아이가 글과 친해지는 것을 염두에 둬야 합니다. 지나치고 거창한 욕심을 버리고 눈에 보이는 것을 글로 적어보는 것만으로도 충분한 효과가 있습니다. 다섯 번 정도 관찰 패턴 글쓰기를 하면 대부분 아이는 스스로 쓰는 걸 어려워하지 않습니다. 10분씩 일주일 정도만 써봐도 글쓰기가 어렵지 않다는 것을 경험을 통해 습득하게 됩니다.

관찰 패턴 글쓰기는 그저 연필 한 자루와 종이 한 장만 있으면 모든 준비가 끝납니다. 별도의 노트가 있어도 좋지만, 굳이 필요하지 않습니다. 처음 일주일 동안에는 낙서처럼 써보고 준비해도 됩니다. 예를 들어 학교와 관련된 것을 쓴다면 친구, 교실, 선생님, 운동장, 도서관 등 글감은 수없이 많습니다. 친구를 글감으로 삼아 글쓰기를 한다면 그 친구의 표정을 쓸 수도 있고, 친구들이 모두 모여 다 같이 노는 모습을 쓸 수도 있습니다. 처음에는 눈에 보이는 것부터 시작할 뿐이지만 시간이 지날수록 친구들과의 추억도 쓰게 됩니다. 어묵, 떡볶이를 함께 먹는 것도 쓰게 될 것입니다. 글감은 한없이 많습니다.

글쓰기는 숙제가 아니다

글쓰기 수업을 하고 있지만, 늘 어떻게 해야 아이들이 글쓰기에 더 재미를 느낄 수 있을지를 고민합니다. 공부에 치이고, 숙제에 치여서 시간도 없는 아이들이 글쓰기마저 숙제로 여기고 공부의 연장으로 생각하면 흥미를 잃어버립니다. 글쓰기 수업의 목표는 글과 친해지게 만드는 것으로 충분합니다.

가장 적절한 글쓰기 시간은 얼마일까요? 글쓰기 시간을 길게 잡아 30분 동안 쓴다면 오히려 글 쓰는 재미를 잃어버리고 말 겁니다. 엄지 손가락만을 움직이며 스마트폰으로 놀이하듯 문자를 보내고 검색하는 것에 익숙한 아이들에게 글쓰기에 적당한 시간을 찾기 위해 다양한 실험을 해봤습니다. 관찰 패턴 글쓰기를 30분, 20분, 10분, 5분 다양하게 실행해봤습니다. 아이들이 지루해하지 않으면서도 집중할 수 있는 시간은 10분 정도였습니다. 개인마다 차이가 있지만, 초등 고학년의 경우 10분, 저학년의 경우 8분 정도면 지루해하지 않으면서도 집중할 수 있는 시간으로 충분했습니다. 보통 10분은 길지도 않고, 그렇다고 쓰고 싶은 문장을 적지 못할 정도로 짧지도 않은 적당한 시간입니다.

10분 정도면 초등 고학년 아이는 A4 용지 절반 분량을 채웁니다. 거침없이 쓰는 아이는 종이 한 장을 가득 채우기도 합니다. 글자 크기가 달라 글의 분량을 정확히 측정할 수 없지만 열 줄 정도 쓴 아이들이 많았습니다. 정확히 글의 분량을 측정하기 위해 원고지에 쓰면 좋겠지만, 글과 친해지는 목적에는 오히려 방해가 될 수 있습니다. 또 시간은 언제든 유동적으로 늘릴 수 있지만, 처음부터 지루함을 느끼게 되면 아이가 흥미를 잃을 수 있으므로 조금 아쉽다는 생각이 들 정도의 시간이면 됩니다.

멈추지 않고 끝까지 쓰기

수업을 할 때 시간적 여유가 있으면 무엇을 쓸지 말해보는 것도 도움이 됩니다. 보통 초등학교 수업은 40분입니다. 그러면 저는 글쓰기 전 10분, 글쓰기 10분, 발표와 소감 공유 20분으로 시간을 배분합니다.

글쓰기 전 10분에는 주로 아이들과 함께 관찰 글감을 무엇으로 할 것인지에 대해 이야기를 나눕니다. 그러면서 한 명씩 눈에 보이는 걸 말해봅니다. 여러 글감이 나오면 다수결의 원칙에 의해 가장 많이 뽑힌 것으로 글감을 정합니다. 만약 칠판으로 정해졌다면 바로 글쓰기를 시작하기보다 아이들의 이야기를 먼저 들어봅니다. 예를 들어 칠판이 어떻게 보이는지 떠오르는 생각을 말해보게 합니다. 그렇게 한 사람씩 질문을 해보면 다양한 이야기가 나옵니다. '사각 모양이다', '테두리는 동그랗다', '밥상을 세워놓은 것 같다' 등 아이들이 발표를 시작하면 어느새 교실은 시끌벅적한 분위기가 연출됩니다.

글쓰기 준비 운동을 마쳤다면 본격적으로 글쓰기를 시작하기 전에 말로 표현한 것을 글로 써도 괜찮다고 말해줍니다. 대부분 아이들은 같은 글감을 가지고 쓰면 더 즐거워합니다. 만약 가방을 주제로 쓴다면 어떤 아이는 친구들에게 자랑하고 싶은 내용을 쓰기도 하고, 또 다른 아이는 가방 깊숙이 숨겨놓은 과자를 발견한 이야기를 쓰기도 합니다.

이제 10분 동안 관찰 패턴 글쓰기를 시작합니다. 간혹 쓸거리가 없다고 곤란해하는 아이도 있습니다. 그럴 땐 글감으로 정한 단어부터 적어보게 합니다. '칠판'을 글감으로 잡았다면 관찰 패턴을 활용해 눈에 보이는 것부터 쓰게 도와줍니다.

“쓸거리가 떠오르지 않으면 ‘칠판’이라고 먼저 적어보렴.”

아이는 자신감이 없는지 글감을 쓰면서도 자꾸 제 얼굴을 쳐다봤습니다. 이때 아이가 글쓰기를 멈추지 않도록 유도해야 합니다.

“눈에 보이는 칠판은 어떤 색깔이니?”

“파란색이요.”

“지금 말한 것을 적어봐.”

칠판이라고 적고 나서 아이는 “칠판의 색깔은 파란색이다.”라고 썼습니다. 비로소 아이의 손이 움직이기 시작합니다.

“크기는 어때? 옆 친구 키보다 큰 것 같아? 작은 것 같아?”

“높이는 친구 키보다 작아요. 하지만 옆으로 보면 훨씬 커요.”

아이는 벽에 있는 칠판이 세로로는 친구 키보다 작고, 가로로는 크다고 했습니다. 조금씩 아이의 손목이 풀리는 것을 보며 잘 쓴다고 독려하자 언제 힘들었느냐는 듯 계속 글을 써 내려갑니다.

“10분 동안 잘 쓰든 못 쓰든 멈추지 말고 최대한 많이 써보자.”

아이들은 잘하고 있다고 칭찬해주면 더욱 신나서 종이를 가득 채울 듯 달리기 시작합니다. 무엇보다 아이가 포기하지 않고 계속 써보게 하세요. 칠판이 보이는 대로 써도 좋고, 다른 생각이 떠오르면 그것을 써도 좋습니다. 칠판과 관련 없는 엉뚱한 내용도 상관없습니다. 아이가 10분간 멈추지 말고 글을 쓰는 경험을 하는 것이 중요합니다. 엉성한 문장이라도 멈춤 없이 끝까지 쓰게 하면 글쓰기가 만만해지고, 어려워도 끝까지 써보는 힘을 키울 수 있습니다. 그리고 즉흥적인 글쓰기를 통해 창의적인 생각을 키울 수 있습니다.

쓴 글을 다시 읽어보기

글쓰기 시간은 여러 사람이 함께 쓰는 시간이므로 글이 완성되지 않더라도 시간이 다 되면 일단 멈춥니다. 10분이라는 시간 동안 쓴 글이므로 완성도 높은 글을 기대하지 않아도 됩니다. 대신 서로 쓴 글을 돌아가며 소리 내어 읽어봅니다. 만약 자신의 글을 읽기 싫어한다면 억지로 시킬 필요는 없습니다. 관찰 패턴 글쓰기는 글 쓰는 것이 힘들지 않다는 걸 경험하게 하는 과정일 뿐, 발표가 목적이 아닙니다.

글쓰기 수업에 참여한 대부분의 아이는 글을 부담 없이 읽어 내려갑니다. 소심한 성격을 가진 아이도 반복해서 관찰 패턴 글쓰기를 하면 나중에는 오히려 자신의 글을 발표하고 싶어 큰 소리로 읽습니다.

글을 다 쓴 종이로 종이비행기를 접어 날리기도 합니다. 그러고 나서 각자 바닥에 있는 주인 없는 글을 집어 들어 읽게 합니다. 누구의 글일지 탐정의 눈빛으로 읽어 내려가는 아이도 있습니다. 부모님들도 관찰 패턴 글쓰기를 해보면 도움이 됩니다. 자기 검열, 주변 시선 때문에 글쓰기를 어려워하는 사람이라면 누구나 도움이 됩니다.

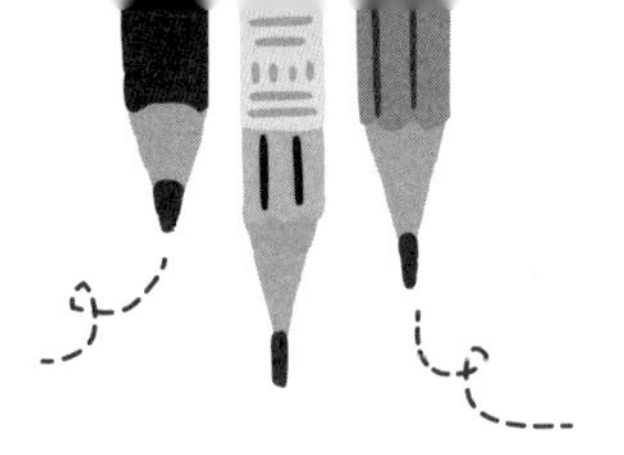

말하듯 글을 쓰기 위한 준비 운동

아이들이 글쓰기를 쉽고 재미있는 놀이처럼 받아들이게 됐다면 관찰 패턴 글쓰기는 성공입니다. 아이가 스스로 무엇이든 눈에 보이는 것을 글감으로 삼아 글을 쓸 수 있다면 이제 본격적인 글쓰기의 첫걸음을 내딛는 것이죠. 관찰 패턴 글쓰기는 자신의 글로 감성을 키우고, 생각을 키우고, 상상력을 키우며 성장하는 능력을 길러주는 최적의 도구입니다.

"집에 가서 다시 전화할게."

옆에 있던 조카가 20분 정도 친구와 전화하며 신나게 깔깔거리다 이런 말을 남기고 전화를 끊었습니다. 집으로 돌아가려는 조카에게 말했습니다.

"용건 있으면 지금 통화 때 말하지, 그렇게 오래 통화하고 또 전화한다고?"

조카는 어이없다는 듯 한마디를 했습니다.

"삼촌, 만나서 할 얘기, 집에 가서 할 얘기가 또 달라."

집으로 장소만 바뀌는 건데 뭐가 다르다는 것인지 제 관점으로는 도저히 이해가 되지 않았습니다. 하지만 조카의 관점에서는 친구와 할 이야기가 수없이 많았던 것이죠. 바로 글쓰기도 말과 같이 하면 쉽게 써 내려갈 수 있습니다.

"말하듯 글을 써도 괜찮아요."

글쓰기 수업을 시작할 때 아이들에게 자주 하는 말입니다. 말과 글은 분명히 다릅니다. 입을 통해 나온 말을 귀로 듣는 것과 손끝으로 종이 위에 적은 것을 눈으로 인식하는 방식도 분명 다릅니다. 하지만 말이나 글이나 머릿속 생각에서 나온다는 것은 같습니다. 따라서 말하듯 글을 쓰는 것은 글을 잘 써야 한다는 저항감을 줄이고 생각을 자유롭게 표현하게 하는 효과가 있습니다.

서로의 얼굴을 표현하는 관찰 패턴 글쓰기 수업에 엄마와 딸이 함께 참여한 적이 있습니다. 처음에는 둘 다 얼굴만 멀뚱멀뚱 쳐다보고 있을 뿐이었습니다. 보이는 대로 적는 것도 누군가에겐 힘들 수 있습니다. 그러나 말은 있는 그대로 전달하면 그만입니다. 제가 서로의 머리카락이 길거나 짧은지, 색깔은 진한지 몇 마디 물어보니 엄마와 딸은 신나서 글을 쓰기 시작했습니다. 이때도 여유가 있다면 질문한 것을 말로 대답을 해보라고 하면 글쓰기 전 스트레칭 효과가 있습니다.

"머리카락이 긴가요?"

"길어요."

"얼마나 긴가요?"

"어깨까지 내려와 있어요. 머리카락을 머리끈으로 묶었어요."

이렇듯 쉽게 대답합니다.

"머리끈은 어떻게 생겼나요?"

질문에 대답한 말에 또 질문을 거듭하면 그때부터는 거침없이 표현하기 시작합니다. 이처럼 관찰 패턴 글쓰기의 글감으로 쓸 수 있는 것은 눈에 보이는 모든 것입니다. 그럼 제가 글쓰기 수업에서 자주 사용했던 세 가지 글감을 소개하겠습니다.

관찰 패턴 글쓰기의 세 가지 소재

첫 번째는 얼굴입니다. 서로의 얼굴을 보이는 대로 글로 적으면 글쓰기를 부담없이 시작할 수 있습니다. 아이들이 특히 좋아합니다. 부끄러움을 많이 타는 친구는 상대에게 얼굴을 보여주기 싫어 고개를 숙이기도 합니다.

평소 예쁘다거나 잘생겼다는 뻔한 표현에 불과했던 아이들도 관찰 패턴 글쓰기에 익숙해지면 머리카락 색깔, 길이, 윤기, 눈, 코, 입 등 다양한 글감을 발견하기도 하고 더욱 다채로운 글도 쓸 수 있습니다.

예를 들어 눈을 보이는 대로 적기만 해도 다양한 글을 쓸 수 있습니다. '눈이 작다', '눈이 크다', '반달을 닮았다', '웃을 때 눈꼬리가 내려간다', '개구리 눈을 닮았다', '눈썹이 길다', '동그란 눈을 갖고 있다' 등 아이들이 눈을 표현하는 방식은 무궁무진합니다. 또 처음에는 서로 유심히 쳐다보면 어색한 표정을 지어 보이기도 하는데 그 모습까지도 글로 표현하면 색다른 글을 쓸 수 있습니다.

두 번째는 나무입니다. 나무가 살 수 없는 곳에서는 사람도 살 수 없다는 말이 있습니다. 주변에서 쉽게 볼 수 있고, 다양한 모습으로 살펴볼 수 있어 글감으로 자주 사용합니다. 나무는 봄, 여름, 가을, 겨울을 모두 떠올릴 수 있는 대상이기도 해서 보이는 것을 적기 시작하면 상상의 나래를 펼치는 글을 많이 볼 수 있습니다. 글쓰기 수업 시간에는 주로 '단풍나무다', '나뭇잎이 빨간색이다', '내 키보다 크다'와 같은 문장을 써 내더군요.

또 '돌을 던져 나무를 맞힌 적이 있다. 얼마나 아팠을까. 나는 나쁜 짓을 했다. 나무에게 사과해야겠다. 미안해…'처럼 장난으로 돌멩이를 던져 나무를 맞힌 기억을 떠올리는 아이도 있었습니다. 그 아이도 10분 동안 멈추지 않고 글을 쓰다가 문득 떠오른 생각을 함께 적었다고 합니다. 나무젓가락으로 짜장면을 먹어야 더 맛있다는 글을 쓴 아이도 있었습니다.

세 번째는 창문입니다. 우리 주변에는 수많은 건물이 있고, 또 그 건물에는 더 많은 창문이 있습니다. 우리는 그 창문들을 통해 밖을 내다

봅니다. 창문은 주로 네모난 모양이 많지만 동그란 모양, 세모난 모양도 있습니다. 아이들이 창문을 관찰하다 양옆으로 여닫거나 활짝 열어젖힐 수도 있습니다. 글쓰기 수업 시간에는 아이들이 '창문은 네모나다', '유리가 있다', '창문틀은 흰색이다', '창문 밖 놀이터에 미끄럼틀이 있다. 그네도 보인다'와 같은 글들을 써 냈습니다. 그중 한 아이는 글을 쓰다 창문 가까이 다가가더니 구석에서 거미줄을 발견하고는 '창문 위쪽에 거미줄이 있다. 조그만 거미 한 마리가 있다…'라는 글을 썼습니다. 눈에 보이는 창문으로 무엇을 더 쓸 수 있을지 고민을 하다 자신도 모르게 창문 가까이 다가갔고 그 구석에서 거미를 발견한 것입니다. 또 다른 아이는 더 가까이 다가가려다 창문에 머리를 '콩'하고 부딪치기도 했습니다.

대표적인 글쓰기 소재로 얼굴, 나무, 창문을 소개했지만, 관찰 패턴 글쓰기는 모든 것을 글감으로 삼을 수 있습니다. 고개를 들어 하늘을 보면 구름도 글감이 될 수 있습니다. 고개를 숙이면 발아래 개미도 글감이 됩니다. 글을 자주 그리고 많이 써볼수록 다양한 표현도 할 수 있고, 글쓰기 실력도 좋아집니다.

누구나 다 아는 이야기입니다. 자주 많이 써야 한다는 것을 기억해 두세요. 잘 쓰든 못 쓰든 일단 글을 많이 써봐야 합니다. 글에 대한 저항감을 낮추는 것에 목적을 두고 관찰 패턴 글쓰기에 익숙해진다면 분명 좋은 결과를 낼 수 있습니다.

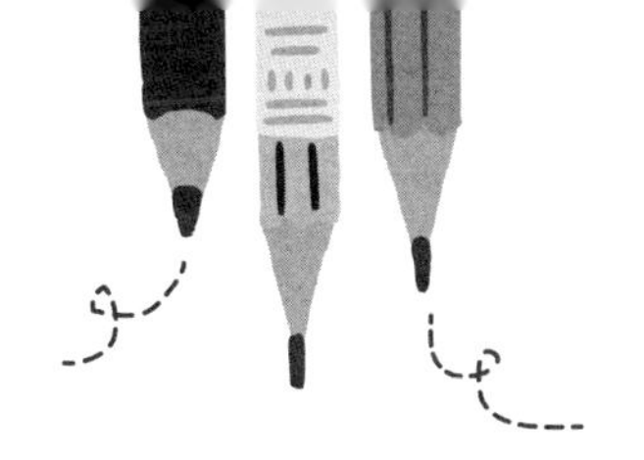

관찰 패턴 글쓰기 심화 과정

관찰 패턴 글쓰기는 일단 글을 쓰게 하는 방법으로는 다른 어떤 패턴보다 쉽고 강력합니다. 자신이 가는 길을 몰라도 내비게이션이 있으면 찾아갈 수 있듯이 관찰 패턴을 적용하면 누구나 글을 쓸 수 있습니다. 다섯 가지 패턴 글쓰기 중에서 관찰 패턴을 제일 먼저 시작하는 것이 좋습니다.

초등학생뿐만 아니라 더 어린아이도 따라 쓸 수 있고, 중고등학생뿐만 아니라 부모도 함께할 수 있습니다. 관찰 패턴은 눈에 보이는 것을 묘사하는 데서부터 출발합니다. 예를 들어 아이들이 글쓰기를 하는 곳이 학교 놀이터라면 보통 무엇이 보인다는 식으로 글을 적게 됩니다. 그렇게 계속 적다 보면 어떻게 보인다는 식의 내용도 적게 됩니다.

'무엇이 보인다'로 시작하기

지금부터 연필을 들고 학교 놀이터에 있다고 상상해보세요. 아이뿐만 아니라 엄마나 아빠도 함께하면 좋습니다. 먼저 '보인다'로 시작해보겠습니다. 무엇이 보이나요? 세 가지 예시를 적어보겠습니다.

"그네가 있다."
"미끄럼틀이 있다."
"시소가 있다."

놀이터하면 연상되는 세 가지를 아이와 함께 직접 적어보세요.

" .... "
" .... "
" .... "

단순한 묘사로 시작하면 글쓰기가 정말 쉽다는 사실에 놀라 신나게 글을 쓰는 아이들을 보게 됩니다. 그러나 눈에 보이는 대로 적으면서 '그네가 있다', '그네가 보인다' 정도로만 표현하면 눈에 보이는 놀이기구가 많아야 계속 적을 수 있습니다. 그리고 놀이터에는 시소, 정글짐, 철봉처럼 놀이기구들이 한정돼 있습니다.

눈에 보이는 것이 줄어들기 시작하면 대상을 바꿔보세요. 놀이기구를 빼면 놀이터에서 무엇이 보일까요? 일단 친구들이 노는 모습이 보일 겁니다. '정온이가 보인다'라고 시작해 놀이터에서 놀고 있는 친구의 이야기를 적는 것도 좋습니다.

"옥이가 그네를 타고 있다."
"문성이가 모래성을 짓는다."
"고무줄 놀이 하는 소영."

놀이기구 외에 무엇이 떠오르는지 이번에도 직접 적어보세요.

" .... "
" .... "
" .... "

10분 동안 멈추지 않고 글은 계속 써야 합니다. '무엇이 보인다'로만 표현하면 두세 줄 정도 쓰고 나서 더 이상 쓸 것이 없어질 수밖에 없습니다. 하지만 걱정할 것 없습니다. 관찰 패턴 글쓰기는 확장해나갈 수 있습니다. 역시 그 해결책은 관찰에 있습니다. 관찰이란 대상을 자세히 보는 것이므로 더 구체적으로 대상을 묘사하면 글의 분량은 한없이 많아지게 됩니다. 심지어 관찰의 대상이 우주까지도 확장될 수 있습니다.

‘어떻게 보이는가?’로 적어보기

이젠 ‘그네가 있다’는 글을 가지고 어떻게 보이는지 더욱 구체적으로 적어봅시다. 그네가 몇 개 있는지, 어떻게 생겼는지, 거기에 더해 느낌까지 적으면 쓸 것이 바닷가 모래알보다 많아집니다.

예를 들어보죠.

두 개의 그네가 있다.
엉덩이를 대고 앉는 곳은 나무로 되어 있다.
그넷줄은 쇠로 되어 있어 겨울에는 장갑을 끼지 않으면 차갑다.
그네를 타고 하늘을 보면 구름이 움직이는 것 같이 보인다.
놀이터 바닥은 누군가 모래성 놀이를 했는지 여러 군데 흔적이 있다….

무엇이 보이는지에서 어떻게 보이는지로 관점을 바꾸면 엄청난 변화가 생깁니다. 그네를 구체적으로 표현하면 그네의 자세한 생김새도 알 수 있습니다. 아이들이 놀이터에서 타고 놀던 기억도 쓸 수 있습니다. 그네 하나만을 가지고 관찰 패턴 글쓰기를 해도 수많은 이야기를 담을 수 있습니다. 미끄럼틀이나 시소 등도 함께 쓰면 더 많은 글을 쓸 수 있습니다. 만약 친구와 함께 모래성 놀이를 했다면 모래성을 몇 개 만들었는지도 적을 수 있습니다. 고무줄 놀이를 했다면 누구와 함께했고 어떤 노래를 불렀는지도 적을 수 있습니다.

관찰 패턴 글쓰기는 여기서 멈추지 않습니다. 아이들의 글은 더 구체적으로 확장해나갑니다. 달나라에서부터 줄을 매달면 그네를 타고 지구를 구경할 수 있겠다는 상상의 글도 적을 수 있습니다. 친구와 그네를 타며 솜사탕을 먹던 일주일 전의 일도 쓸 수 있습니다. 눈에 보이는 것을 적는 것에서부터 시작하지만 결국 보이지 않는 것까지도 확장할 수 있습니다. 이것이 관찰의 힘입니다. 그저 눈에 보이는 것부터 적어도 글쓰기를 할 수 있습니다.

이렇듯 평소 글쓰기를 잘 하지 않는 아이에게 관찰 패턴은 훌륭한 글쓰기 연습이 됩니다. 부모님들이 아이들의 글쓰기를 암기과목 공부시키듯 생각하는 것에서 벗어나면 좋겠습니다.

엄밀히 말해 글쓰기는 창작 활동입니다. 아이의 생각과 감정을 독창적으로 표현하는 활동입니다. 글쓰기의 첫걸음은 종이 위에 흔적을 남기는 것입니다. 당장 연필을 들고 자유롭게 글쓰기를 해보지 않고서는 글을 잘 쓸 수 없습니다. 아이들이 힘들이지 않고 글과 친해지는 첫걸음을 내디딜 수 있도록 현명한 접근이 필요합니다.

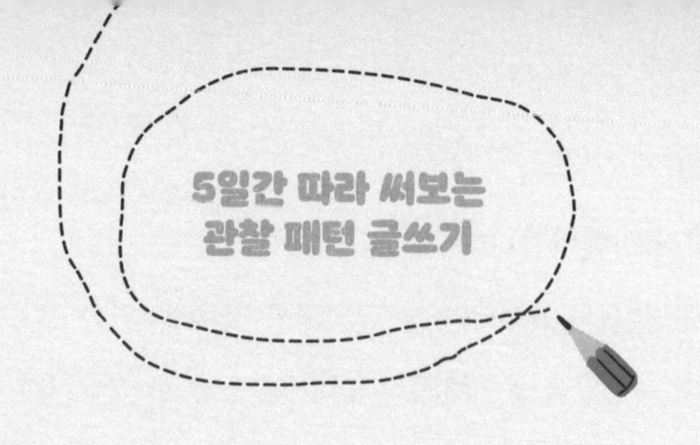

월요일 : **학교를 소재로 글을 써보세요.**

학교 전체 모습, 교실, 칠판, 창문, 도서관, 운동장, 선생님, 식당…, 무엇이 더 있을까요?

예를 들어 초등학교 도서관에 대해 쓴다면 아이가 직접 학교 도서관에 가서 어떤 글을 쓸지 구상할 수 있습니다. 도서관에 있는 선생님과 아이들 모습, 자신이 대출하려는 책, 서가에 진열된 책들을 소재로 적을 수 있습니다. 또한 독서할 때 가장 좋아하는 곳이라고 소개할 수도 있겠죠. 학교 도서관만 둘러봐도 쓸 것이 많아 오히려 즐거운 걱정을 해야 할 상황입니다.

그리고 재미난 사실은 도서관에서 관찰 패턴 글쓰기를 할 수도 있습니다. 10분 글쓰기의 장점은 장소를 가리지 않고 즉시 쓸 수 있다는 것입니다. 도서관 분위기는 어떤지, 책은 얼마나 많이 있는지, 자신이 좋아하는 책들은 어느 곳에 많이 있는지 그 자리에서 써보는 것이죠. 아니면 몇 줄 메모하고 나중에 다른 곳에서 써도 됩니다.

화요일 : **우리 집을 소재로 글을 써보세요.**

내 방, 거실, 침대, 옷장. 주방, 화초…, 무엇이 더 있을까요?

집에 관련한 글도 쓸 수 있습니다. 만약 집에 조그만 다육 식물을 한두 개 키운다면 그것을 유심히 관찰하며 글을 쓸 수도 있습니다. 한 달에 물을 몇 번 주는지도 생각해보게 됩니다. 어떻게 자라는지도 전보다 자세히 알 수 있습니다. 어떤 색을 띠고 있는지도 쓸 수 있습니다. 그뿐 아니라 도서관 풍경을 쓰듯 내 방이나 거실 등 쓸거리는 많이 있습니다.

수요일 : 식물, 동물을 소재로 글을 써보세요.

나무, 들꽃, 산, 강아지, 고양이, 애완용으로 키우는 동물…, 무엇이 더 있을까요?

우리 집에서 키우는 강아지에 대해 쓴다면 어떻게 쓸 수 있을까요? '우리 집 강아지는 귀엽게 생겼다'라고 쓸 수도 있을 겁니다. 그런데 자세히 살펴보면 귀엽게 생긴 걸 다양하게 표현할 수도 있겠죠. 눈은 어떻게 생겼는지, 귀가 작고 쫑긋 서 있는지, 길게 늘어져 있는지, 털은 무슨 색이고 길이는 어떤지…. 우리 집 강아지의 귀여운 점을 자세히 적어보세요.

목요일 : 가족이나 친구를 떠올리며 글을 써보세요.

가족이나 친구의 모습, 자신의 모습, 가족 여행, 보고 싶은 친구…, 무엇이 더 있을까요?

금요일 : 나를 떠올리며 글을 써보세요.

거울에 비친 내 모습, 얼굴, 가방, 옷, 휴대전화, 보물 1호…, 무엇이 더 있을까요?

● 선생님의 글쓰기 지도 Tip! ●

5일간 따라 써보는 글쓰기는 꼭 요일별 글감으로 시작할 필요는 없습니다. 평일에 10분씩 낙서하듯 글쓰기 연습을 해도 아이의 글쓰기 실력은 쑥쑥 자라날 것입니다. 너무 잘 쓰려고 애쓰지 않아도 됩니다. 꾸준히 쓰다 보면 좋아지는 것이 글쓰기입니다. 매일 쓰지 않아도 됩니다. 다만 적어도 10분 정도 연필이 뛰어다녔으면 좋겠습니다.

글은 컴퓨터나 스마트폰을 이용하는 것보다 연필로 종이에 쓰길 권합니다. 글 쓰는 느낌도 더 좋고 또 쓴 글을 모으고 고치는 것도 더 현실적으로 느낄 수 있습니다.

무엇이든 욕심부리지 말고 10분만 적어보세요. 한 문장도 좋고, 한 장 가득 써도 좋습니다. 무엇이든 일단 적어보면 한 편의 글이 됩니다. 일단 시작해야 글쓰기의 문이 열립니다. 이 책을 읽는 게 중요한지, 한 줄 써보는 게 중요한지 선택하라면 고민할 것 없이 한 줄 써보는 것을 추천합니다. 10분을 넘겨서 쓰는 것도 괜찮지만 처음부터 권하고 싶지는 않습니다. 글쓰기 시간이 길어지면 잘 쓰려고 고민하게 되고 글쓰기를 힘들게 생각하고 흥미를 잃어버리니까요.

그리고 아이들이 쓴 글은 버리지 마세요. 반드시 보관해둬야 합니다. 한 장씩 종이에 썼으면 모아놓으면 됩니다. 노트에 쓴 것도 모아둬야 합니다. 나중에라도 아이가 자기가 쓴 글을 눈으로 확인할 수 있기 때문입니다. 잘 쓰고 못 쓰고를 떠나 한두 편 쓸 때는 별것 아닌 것 같지만 종이에 쓴 글이 늘어갈수록 계속 글을 써야겠다는 생각을 가지게 됩니다. 그리고 자신이 쓴 글을 나중에 읽어보고 고치고 싶거나 그것을 통해 다시 쓰고 싶은 글감을 떠올릴 수 있기 때문입니다.

6장

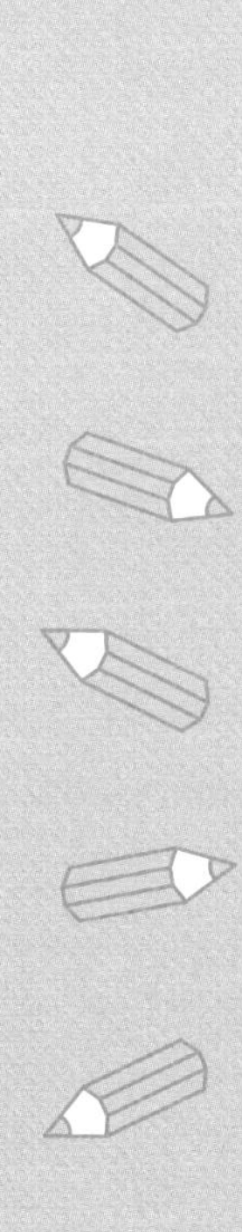

감각을 활용해 표현력을 기르는 오감 패턴 글쓰기

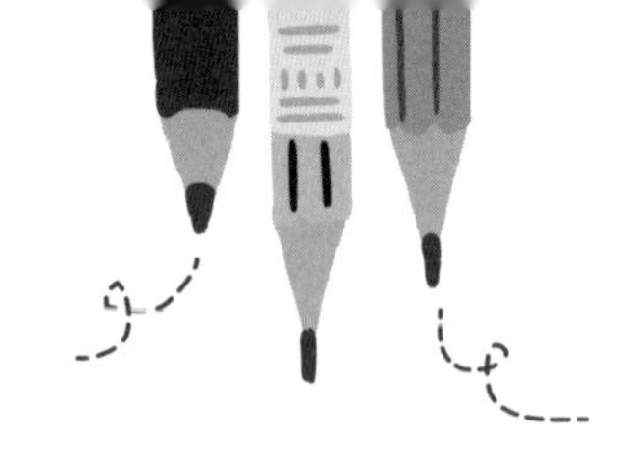

손에 잡힐 듯 생생한 글쓰기

글쓰기 수업에 참여한 아이에게 행복이 무엇인지 물었습니다.

"기분이 좋은 거요."

함께 수업에 참여한 부모님에게도 물었습니다.

"로또 복권에 당첨되는 거요."

사전에는 행복을 '복된 좋은 운수', '생활에서 충분한 만족과 기쁨을 느끼어 흐뭇함. 또는 그러한 상태'라고 풀이해놨습니다. 글쓰기 수업에 참여한 아이들과 부모님에게 행복에 관해 조금 다르게 물어봤습니다.

"이번엔 행복을 더 구체적으로 말해볼까요? 언제 행복을 느끼나요? 오감으로 느낀 표현을 말해보세요. 예를 들어 좋은 영화를 보고 좋았던 느낌, 맛있는 음식을 먹으며 느꼈던 행복감을 말해보세요."

한 아이가 손을 번쩍 들고 말합니다.

"구슬 아이스크림 먹을 때요."

그 말이 끝나자 각자 행복했던 기억을 떠올리며 엄마와 아빠도 말합니다.

"배부르면 만사 행복하죠."

"예상하지 못한 보너스를 탈 때요."

아이뿐만 아니라 부모도 마찬가지입니다. 행복이란 관념적이고 추상적인 단어에 대해 질문하면 막연한 대답만 돌아옵니다. 행복이 무엇인지 떠올리면 그저 행복은 행복일 뿐이라는 생각에서 벗어나기 힘듭니다. 그러면 한 줄 적기도 힘들어집니다. 이때 글쓰기의 물꼬를 터주는 것이 오감 패턴입니다.

만져지는 글, 향이 나는 글

"행복을 주제로 오감 패턴 글쓰기를 해보겠습니다. 행복이란 감정을 보고, 만지고, 맛보고, 듣고, 냄새로 맡아본 경험을 글로 써보세요."

수업시간 전에 제가 행복에 관해 써본 글 중 일부를 읽어줬습니다.

퇴근하고 현관문을 열자 보글보글 청국장 끓이는 소리가 들린다.
코를 벌렁거리며 주방으로 가 보니 뚝배기에서 된장국이 보글보글 소리를 내며 끓고 있다.

끓는 국물에 두부는 하얀 속살 보이며 부끄럽게 춤을 추고 있다.

청국장 냄새에 행복이 솔솔 풍긴다.

"배가 고플수록 행복은 곱빼기가 되겠네요."

누군가 던진 농담에 모두 웃었습니다. 오감을 동원한 글은 냄새도 나고, 보글거리는 소리도 들립니다. 보통 행복을 떠올리면 관념적이라 막상 글로 쓰기 어려운데, 오감으로 표현해보라고 하니 아이들이 훨씬 쉬운 예로 말합니다.

"엄마가 용돈 줄 때요."

"매운 떡볶이 먹을 때요."

글쓰기도 전에 많은 이야기가 쏟아져 나와 오히려 모두 들어줄 시간이 모자랄 정도였습니다. 글감도 정말 풍성해졌습니다. 오감 패턴 글쓰기는 오감으로 느낀 일상의 경험을 구체적으로 끌어들여 표현하는 것입니다. 행복을 막연히 좋은 것이라고 떠올리는 대신 떡볶이를 먹을 때 느꼈던 것으로 표현합니다. 한 엄마는 딸아이가 갓난아기였을 때, 새근새근 잠든 모습을 바라보는 순간에 행복 비타민을 마시는 기분을 느꼈다고 표현했습니다.

오감 패턴 글쓰기를 하면 감성도 풍부해집니다. 감성을 열어주는 것은 어렵지 않습니다. 일상에서 무심결에 지나칠 수 있는 것들도 오감을 동원해 어떻게 표현하느냐에 따라 달라질 수 있습니다.

깜이 귀에는 진드기가 너무 많다.

진드기는 깜이 피를 너무 많이 빨아먹는다.

진드기를 터트리면 피가 빵 터지는 진드기도 있다.

납작해서 피가 안 나오는 진드기도 있다.

한 아이가 깜이(검은색 고양이)에 관해 쓴 글 중 일부입니다. 아이는 고양이 몸에 있던 진드기를 부모님과 함께 잡아줬던 일을 썼습니다. 고양이 피를 많이 빨아먹은 진드기가 얼마나 뚱뚱했는지 손톱으로 눌러 버리면 빵 하고 터진다고 썼습니다. 반대로 홀쭉한 진드기는 그렇지 않다고 썼습니다. 이처럼 오감으로 느낀 것을 써보면 글에서 현장감이 더욱 생생하게 느껴집니다. 글의 대상과도 조금 더 가까워지는 걸 느낄 수 있습니다. 오감 패턴 글쓰기를 하면 보고, 만지고, 맛보고, 듣고, 냄새를 맡은 내용으로 채워지는 마법이 일어납니다. 자신이 쓴 글이지만 남이 써놓은 것 같은 기분을 느끼고 싶다면 오감 패턴 글쓰기를 활용해보세요.

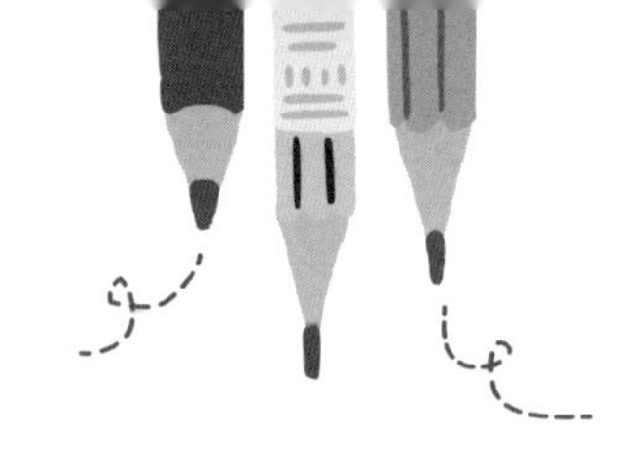

나의 모든 감각을 연필 끝에 옮기기

오감으로 표현해 쓰라고 하면 아이뿐만 아니라 부모도 피부에 와닿는 글을 씁니다. 한 아빠는 아이들과 함께하는 글쓰기 수업이라 그러셨는지, 행복이라는 단어를 듣고도 무덤덤한 표정을 짓고 있었습니다. 그런데 오감 패턴을 활용하는 방법을 설명해드리니 몽골에서 말을 타고 대지를 달린 여행을 떠올렸습니다. 평지를 달리며 거친 숨을 몰아쉬는 말의 심장 소리가 들리고 말이 흘리는 땀이 엉덩이를 적신 느낌까지 적었습니다.

> 가슴이 두근거린다. 그 녀석의 심장 소리가 '두근두근'
> 녀석의 땀이 나의 엉덩이를 적신다. 좋아리를 적신다. (중략)

그 녀석과 나는 한 몸짓이 된다. 바람을 가르며 언덕 위를 올랐다.
언덕 아래로 드넓은 초원이 펼쳐져 있다.
녀석은 힘차게 '이히힝' 소리 내며 달린다. 정말이지 가슴이 터질 것 같다.

그분의 글을 보기 전에는 말이 땀을 흘린다는 것을 생각해보지 못했습니다. 힘차게 들판을 질주하는 말의 모습만 떠올릴 뿐 오감으로 느껴보지 못한 겁니다. 아이의 아빠도 마찬가지였을 겁니다. 오감으로 표현할 것을 떠올리다 말을 탔을 당시에 온몸으로 느꼈던 감각들을 떠올린 것입니다. 이 글을 쓰고 난 후, 행복이란 무엇인지 다시 물어봤습니다. 그분은 행복은 짜릿함이라며 확신에 찬 목소리로 말했습니다.

아이들도 오감 패턴을 활용하면 자신만이 보고 듣고 느낀 것을 쓰게 되므로 일상에서 겪은 다양한 경험을 쓰게 됩니다. 평소 갖고 싶었던 운동화를 엄마가 사주셨다는 내용으로 오감 패턴 글쓰기를 하면 디자인이 마음에 들었다는 것과 손으로 만지작거리며 느꼈던 것을 적습니다. 오감 패턴을 활용하면 당시에 느꼈던 것들을 더욱 생생하게 전달하는 효과가 있습니다.

'눈, 코, 귀, 입, 손'의 감각을 한데 뒤섞기

어떤 글을 쓰든 어떻게 하면 최대한 오감을 활용해 표현할 수 있을지를 고민하면서 쓰면 됩니다. 앞서 행복이 무엇인지 질문하면 대부분

'기쁜 마음'과 같은 관념적인 글을 쓰는 경우가 많습니다. 하지만 오감을 활용해 표현하면 추상적인 글도 체험을 바탕으로 하는 구체적인 글로 재탄생합니다. 예를 들어 아이가 아이스크림을 떠올리면서 '엄마가 아이스크림 사 먹으라고 용돈을 주실 때'나 '무더운 여름 시원하고, 달콤한 아이스크림을 먹을 때'라는 기억을 떠올리며 적는 경우라고 할 수 있습니다.

또 오감 패턴을 활용하면 단답형으로 표현한 글이 한층 더 다채로워집니다. '아이스크림은 맛있다'라는 정도로만 글을 쓰던 아이가 더욱 구체적이고 자연스러운 표현을 생각해냅니다. '아이스크림=맛있다', 즉 '~은 ~이다'의 공식을 벗어난 패턴으로 쓰게 됩니다. '좋아하는 아이스크림이 무엇이고, 어떤 맛이고, 언제 누구와 먹을 때 좋았고, 우리 동네 ○○ 가게가 제일 싸다'고 자세하게 적을 것입니다. 자연스레 글의 분량도 많아집니다. 아이들에게 오감 패턴을 활용해 10분 동안 글을 멈추지 말고 써보라고 하면 종이 한 장을 가득 채우며 써 내려갑니다.

오감 패턴 글쓰기를 다른 표현으로 '글 만지기'라고 표현합니다. 아이들에게는 글쓰기 수업 때 이렇게 설명하기도 합니다.

"눈, 코, 귀, 입, 손이 연필이라고 생각하고 적어보세요."

"에이, 어떻게 그렇게 해요."

아이들은 말이 안 된다고 하면서도 아이스크림을 가지고 오감 패턴을 활용해보면 연필이 입이 되어 이렇게 적습니다.

수박바 아이스크림은 수박보다 더 차갑고 달콤하다.
그리고 입안에서 스르륵 녹는다.

연필이 눈이 되고, 손이 되어 쓰기도 합니다.

한여름 햇볕에 아이스크림이 땀을 흘리며 녹아내려요.

오감 패턴 글쓰기는 눈으로 보고, 귀로 듣고, 혀로 맛보고, 코로 냄새 맡고, 손끝으로 글을 만지는 경험을 하게 해줍니다. 관찰 패턴 글쓰기가 보이는 것을 묘사하는 것으로 시작해 글 쓰는 것을 쉽게 만들어준다면, 오감 패턴 글쓰기는 글을 만질 수 있게 만들어준다고 표현하고 싶습니다.

로버트 루트번스타인과 미셸 루트번스타인이 쓴 『생각의 탄생』(에코의서재, 2008)에는 "닭고기 맛이 뾰족하다."라는 문장이 나옵니다. 오감을 활용한 독특한 표현입니다. 보통은 '닭고기가 맛있다'고 표현하죠. 그런데 미각을 촉각으로 표현해 '맛이 뾰족하다'라고 쓰니 문장이 재미있으면서도 감각적으로 느껴집니다. 이렇듯 오감을 활용한 표현은 평범한 글도 구체적이고 생동감 있는 글로 만들어줍니다. 반대로 서로의 감각을 바꿔 표현해도 재미난 문장을 만들 수 있습니다. '닭고기 맛이 뾰족하다'는 표현을 다른 촉각을 활용해 쓰면 '닭고기 맛이 미끌미끌한 묵 같다'라고도 쓸 수 있습니다. 또 바싹하게 튀긴 프라이드치킨을 청각적으로 색다르게 표현해 '치킨을 한입 베어 물었다. 마른 낙엽 밟는 소리가 난다'고 할 수도 있습니다. 이렇게 우리가 이미 알고 있는 대상을 전혀 색다른 감각으로 표현하면 글의 재미와 상상력이 더욱 풍성해집니다.

무엇보다 글쓰기를 어려워하고 싫어하는 아이들에게 오감 패턴 글쓰기는 재미와 흥미를 동시에 제공해줍니다. 아이들은 오감 패턴 글쓰기를 하고 나면 재미난 행동을 하곤 합니다. 과자를 먹기 전에 어떤 냄새가 나는지 코를 벌렁거리기 시작합니다. 국화꽃에서 나는 향기를 맡아 보기도 하죠. 그런 아이들을 보며 글쓰기 수업에 함께 참여한 부모가 더 즐거워하며 글을 쓰는 모습도 종종 봅니다.

오감 패턴 글쓰기를 시작할 때 연필을 쥐고 있는 아이들에게 이렇게 물어보세요.

무엇이 보이나요?
어떤 향기가 나나요?
소리가 들리나요?
손으로 만져지나요?
어떤 맛인가요?

그러면 아이들의 눈, 코, 귀, 입, 손은 어느새 글을 만나러 달려가고 있을 겁니다.

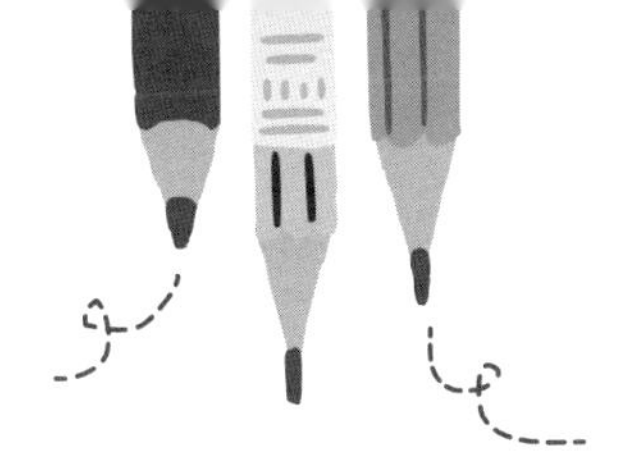

추상적인 생각을 구체적인 표현으로 이끌기

보고, 듣고, 맛보고, 만지고, 냄새를 맡는다. 오감 패턴 글쓰기 수업을 하면 감각을 통해 느끼고 떠올리는 글이 더욱 강렬하게 다가옵니다. 한 아이는 자신이 돼지갈비를 좋아하는 이유로 고기를 먹은 다음에 먹는 맛있는 물냉면을 이야기했습니다. 차가운 냉면 국물을 먹으면 머릿속과 눈도 차가워진다고 표현했습니다. 자신이 쓴 글을 발표하다 입맛 다시는 모습을 보고 다 같이 웃기도 했습니다.

브랜드 경험 디자인 회사의 수석 기획자 임태수는 『날마다, 브랜드』(안그라픽스, 2016)에서 오감을 활용한 글쓰기를 하는 소설가 김영하의 사례를 들었습니다. 김영하 작가는 글쓰기를 가르칠 때 학생들에게 가장 행복한 시간을 써보게 한다고 합니다. 대부분 학생들이 시각적 기억만을 글로 표현하자 다시 한 번 오감을 동원해 글을 써보라고 시켰습니다. 그제야 학생들은 처음 쓴 내용보다 더욱 행복했던 당시의 기억을 생생하게 썼다고 합니다. 맞는 말입니다. 오감을 동원해 글을 쓰면 과거의 경험을 더 구체적으로 잘 전달할 수 있게 됩니다. 시각적으로만 표현한 글보다 오감을 동원해 글을 쓰면 눈 내린 산의 풍경을 더 생생하게 느낄 수 있습니다.

예를 들어 "산에 눈이 내렸다."라는 시각적인 표현의 글보다 "새벽 찬 바람을 맞으며 오돌오돌 떨며 바라본 산에 눈이 내렸다."처럼 오감을 동원한 글이 더 생생하게 다가옵니다. 오감 패턴 글쓰기도 앞서 소개한 관찰 패턴 글쓰기와 같습니다. 자신에게 주어진 글감을 표현하는데 오감을 동원한다는 사실만 다를 뿐입니다. 어렵게 생각할 것 없습니다. 아이들에게 '눈, 코, 귀, 입, 손이 글을 쓰면 어떻게 썼을까?'라고 말해주면 됩니다.

생각을 감각적 글로 옮기기

오감 패턴 글쓰기의 시작도 관찰 패턴 글쓰기와 마찬가지입니다. 틀려도 괜찮으니 지우개를 치워두도록 합니다. 또 10분 동안 멈추지 말고 써보도록 합니다. '행복', '기쁨', '용기'와 같은 추상적인 단어를 가지고 일상에서 어떻게 느꼈는지 적어보도록 합니다. 글감은 무엇이든 상관없습니다. 행복처럼 막연한 대상도 구체적으로 느꼈던 것을 쓸 수 있다면 좋습니다. '여행'도 좋은 글감입니다. 관찰 패턴 글쓰기는 눈에 보이는 것에서 글감을 찾는 경우가 많지만 오감 패턴 글쓰기는 오히려 보이지 않는 것에서도 글감을 찾아낼 수 있습니다.

예를 들어 '아름답다'는 단어를 가지고 오감 패턴으로 글을 쓴다면 어떨까요? 대부분 아이들에게 '아름답다'라는 단어를 글감으로 제시하고 글을 써보라고 하면 모르겠다는 답변이 돌아옵니다. 만약 시간이 많으면 사전에서 뜻을 찾아 서로 이야기해보면서 글을 쓰기 전에 준비 운동을 해보는 것도 좋습니다. 실제로 글쓰기 수업에서 나무를 보고 아름다움을 느낀 것을 아이들에게 말해줬습니다.

"괴산에 있는 800년 된 느티나무를 보러 갔어요. 느티나무를 보는 순간 나도 모르게 이런 말이 튀어나왔어요. '아! 아름답다.' 공룡보다 키가 더 큰 나무였는데 사진에서 본 것보다 더 아름답게 보였어요. 그래서 나무가 어떻게 생겼는지 손으로 만져보고 느낀 것도 글로 적었어요. 그렇게 쓴 글을 모아 책까지 출간했어요."

아이들에게 '아름다움'을 정의하라고 하면 과연 어떤 반응을 보일까요? 글쓰기 수업에서 아이들은 너무 막연한 나머지 다른 세상의 이야기 같다는 반응을 보였습니다. 그런데 '아름답다'라고 느낀 걸 적어보라면 달라집니다. 오감으로 표현해 적어보게 하면 버스에서 어른에게 자리를 양보하는 모습을 적으며 '아름답다'라고 표현합니다. 여자 친구가 예쁘고 아름답다고 적는 개구쟁이도 있습니다.

자신의 감각에 온전히 집중할 것

글쓰기를 시작하기 전에 오감으로 표현하는 것에 대해 서로 이야기를 나눠보면 좋습니다. 예를 들어 '행복'에 관해 쓴다면 언제 행복했는지를 떠올려보고 말해보세요. 무엇을 할 때 행복한지에 대해 과거의 경험을 떠올려보고, 자신의 좋은 기억을 말로 꺼내보는 겁니다. 한 엄마는 "아이가 곤히 잠들어 있을 때"라고 말하기도 했습니다. 또 한 아이는 "구슬 아이스크림 먹을 때"라고 신나서 말하기도 했습니다. 이처럼 글쓰기 전에 자유롭게 이야기하다 보면 쓰고 싶은 것도 많아집니다. 여럿이 모여 쓰면 다른 사람의 말을 듣다가 자신의 과거를 떠올리며 행복했던 것들이 떠오를 때도 많습니다.

관찰 패턴 글쓰기는 주어진 시간 동안 멈춤 없이 글을 써 분량을 채우는 방식입니다. 반면 오감 패턴 글쓰기는 멈춤 없이 끝까지 쓰는 것은 같지만, 관찰 패턴처럼 눈에 보이는 것을 빠르게 적을 필요는 없습니다. 그보다 오감으로 표현할 수 있는 것에 더 집중하면 됩니다. 관찰 패턴의 속도보다는 조금 여유 있게 써도 됩니다. 무엇보다 정해진 시간까지 계속 적는 힘을 키워보는 것이 중요합니다. 자신이 쓴 글은 언제든 고칠 수 있으니 멈추지 말고 쓰는 습관을 만들어야 합니다.

관찰 패턴은 글쓰기의 저항감을 없애는 관점에 더 집중한 방식이고, 오감 패턴은 감각적으로 글을 써보는 목적이 강합니다. 구체적인 표현으로 쓰기 위해 시각(보고), 청각(듣고), 미각(맛보고), 후각(냄새 맡고), 촉각(만지고)으로 나눠 적어보면 됩니다. 수영장에 들어갔을 때 발가락에 닿았던 느낌이 어땠는지를 적어보는 것으로 시작하면 쉽게 글쓰기에 빠져들게 됩니다.

"운동화를 벗고 맨발에 전해지는 느낌을 써보겠습니다."

운동화를 벗고 황톳길 걷기 체험을 하며 글을 써볼 기회가 있었습니다. 신을 벗고 맨발로 걸었습니다. 그러자 운동화를 신었을 때 느끼지 못한 황톳길의 온도를 느낄 수 있었습니다. 자갈을 밟으면 발바닥이 따끔거렸습니다. 한 발 한 발 내디딜 때마다 땅을 손으로 만지는 것 같은 촉감이 느껴집니다. 햇빛이 닿은 곳과 달리 그늘진 땅의 온도는 차갑게 느껴집니다. 맨발로 걸어보지 않았다면 몰랐을 느낌입니다. 만약 글쓰기 수업에서도 아이들과 함께 맨발로 걷기 체험을 하면 어떤 글을 적을지 궁금해집니다. 맨발에 전해진 황톳길에 대해 오감 패턴 글쓰기를 하면 아이들의 감성도 쑥쑥 자라날 것입니다.

자신이 쓴 글을 사람들 앞에서 발표하기

글을 쓰는 것이 말하는 것과 다르듯이 글을 다른 사람에게 들려주는 것도 다른 느낌을 줍니다. 자신이 쓴 글을 혼자 보는 것과 다른 사람과 공유하는 것은 엄연히 다른 문제이기 때문입니다. 저는 가급적 글이 미완성 상태여도 아이들에게 발표를 시킵니다. 굳이 발표하고 싶지 않다면 억지로 시키지는 않지만, 자신이 쓴 글을 소리 내어 읽으면 여러 가지 좋은 점이 있습니다. 우선 다른 사람에게 글을 보여줌으로써 자신의 글에 더욱 자신감이 생깁니다. 그만큼 자신이 쓴 글을 당당하게 볼 수 있는 힘이 생깁니다. 또 남들 앞에서 발표를 하면 자신이 혼자 쓰고 볼 때 찾지 못한 아쉬운 점도 발견하게 되고, 그로 인해 더욱 좋은 글로 고쳐보고 싶은 마음이 생깁니다.

귀는 내가 하는 모든 말을 듣는다.
귓속말, 거짓말, 아주 작고 섬세한 말까지!
나는 엄마 귀가 참 신기하다.
아마…

글쓰기 수업에 참여한 초등학교 2학년이 쓴 글 중 일부입니다. 아이는 평소 엄마가 어떻게 자기가 한 귓속말도 듣고, 거짓말도 금방 알아채는지 궁금해하고 있습니다. 10분 동안 쓰다 글을 마무리하지 못하고 '아마'라는 말로 글을 마무리했습니다. 아이가 글을 마무리하지 못해 발표하는 것도 미적거릴 줄 알았는데 의자에서 벌떡 일어나 자신이 쓴 글을 읽으려 하더군요. 자리에 앉아서 읽어도 괜찮다고 이야기해줬더니 씩씩하게 글을 소리 내어 읽고는 마지막에 쓴 '아마'까지도 들려줍니다. 발표를 마치고서 더 쓰고 싶은 마음이 들었다는 사실과 완성되지 않은 글을 발표해보는 경험이 재밌었다고 말했습니다.

잘 쓴 글이 아니어도, 완성되지 않아도 소리 내어 읽으면 자신감이 생기게 됩니다. 아이들은 자신이 쓴 글을 두세 번 계속 발표하다 보면 처음 발표할 때보다 남에게 당당하게 보여주는 것도 어려워하지 않습니다. 자신이 쓴 글을 소리 내어 읽는 효과는 생각보다 큽니다. 처음에는 부끄러워하며 읽지 않으려던 아이들도 나중에는 오히려 더 큰 소리로 발표하면서 더욱 적극적인 글쓰기를 하는 모습을 보여줍니다. '아마'로 글쓰기를 마치고 돌아간 아이가 그 후에 글을 얼마나 더 연결해서 썼을지 궁금해집니다.

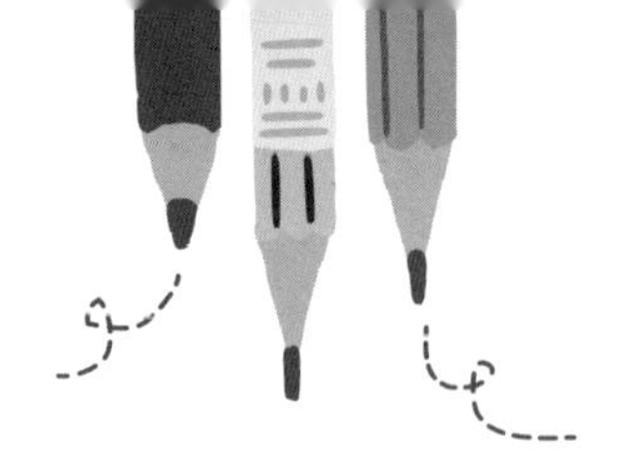

국어사전에 아이만의 느낌을 덧붙이기

글쓰기 수업에서 글감으로 쓸 단어가 정해지면 아이들에게 국어사전을 펼쳐보게 합니다. 스마트폰으로 검색하면 금세 어떤 뜻인지 알 수 있습니다. 하지만 대체로 글쓰기를 하려는 아이들과 부모들은 단어의 뜻을 찾아보지 않습니다.

제가 10년 정도 진행하고 있는 독서모임에도 '15분 글쓰기' 시간이 있습니다. 그 모임에서도 글감을 정하고 형식 없이 자유롭게 글쓰기를 합니다. 언제부턴가 국어사전에서 뜻을 찾아보는 참여자가 한두 명 생기기 시작하더니, 대부분 검색을 통해 뜻풀이를 읽어보고 글을 쓰는 풍경이 펼쳐졌습니다. 아이들도 사전을 찾는 습관을 들이면 좋은 효과를 기대할 수 있습니다. 무엇보다 단어의 뜻을 더 정확하게 이해할 수 있고, 사전에 나온 예문도 읽어보며 글쓰기 전에 서로 이야기할 수 있는 글감을 제공합니다.

'행복'이라는 단어를 아이들과 함께 국어사전에서 찾아보면 금방 이해할 줄 알았는데 오히려 '복된 좋은 운수'가 무엇인지 물어보거나, '복'과 '운수'라는 단어에서 알쏭달쏭해합니다. 그러면 두 번째 풀이를 살펴보라고 합니다. 그 과정에서 '생활에서 충분한 만족과 기쁨을 느끼어 흐뭇함 또는 그러한 상태'라는 풀이를 보며 '만족', '흐뭇함'과 같은 새로운 단어를 자연스럽게 익히는 효과도 생깁니다. 처음에는 모르는 단어가 나와 귀찮게 여기지만, 사전을 찾아 뜻을 익히는 것을 반복하면서 새로운 단어를 익히는 기회가 됩니다.

물론 사전 풀이를 본다고 해서 행복이라는 의미를 다 이해할 수 있는 것은 아닙니다. 오히려 그 의미를 혼란스러워하는 아이도 있습니다. 국어사전이 마치 영어나 수학의 해답지인 줄 알았는데, 오히려 점점 더 알지 못하는 단어들을 많이 알려주는 문제집이 됐기 때문입니다. 그래서 저는 그 아이에게 행복의 반대말이 무엇인지 물어봤습니다. 함께 사전을 찾아보니 '불행'이라는 단어가 등장하더군요. 그런데 아이가 불행이라는 단어를 조금 헷갈려하는 것 같아 또다시 사전 풀이를 펼쳐 봤습니다. 이번에는 '행복하지 아니함'이라고 나왔습니다. 이렇게 사전을 활용하면 꼬리에 꼬리를 무는 단어 덕분에 점점 더 많은 개념들을 알아가게 됩니다.

하지만 아이들이 행복의 뜻을 더 자세히 알고 싶어 사전을 찾아봐도 빠진 것이 하나 있습니다. 맞습니다. 아이들이 느낀 각자만의 감정이 들어 있지 않습니다. 이처럼 오감 패턴 글쓰기는 사전에서 풀이하지 못한 아이만의 느낌과 감정을 더해주는 효과가 있습니다.

오감 패턴 글쓰기로 채우는 사전

행복의 본질이 무엇인지에 대해 글을 쓰도록 하면 아이들은 어떤 반응을 보일까요? 대부분 막막함에 글쓰기를 포기하려 들 것입니다. 하지만 어렵게 접근할 것 없습니다. 사전을 보고 행복이 어떤 뜻인지를 알게 되는 정도만 느끼면 됩니다.

행복의 사전적 정의인 '생활에서 충분한 만족과 기쁨을 느끼어 흐뭇함'에서 찾아낸 '만족'과 '기쁨을 느낄 때'가 일상 속에서 있었는지에 대해 오감 패턴 글쓰기를 해봅시다. 만약 '햄버거를 먹을 때'라고 말한 아이가 있다면 배가 얼마나 고팠었는지, 햄버거를 먹을 때 어떤 기분이었는지, 감자튀김은 어떤 냄새가 났는지 등 최대한 오감으로 표현해보라고 하면 행복에 관련한 한 편의 글을 쓰게 됩니다.

이렇게 행복에 관해 자신의 생각과 오감으로 느낀 것을 글로 쓰다 보면 사전의 의미만으로 채울 수 없는 감정을 스스로 만들어내는 효과가 있습니다. 기쁨을 느낄 때와 햄버거라는 글감을 연결시켜 오감 패턴 글쓰기를 하면 계속 확장해나갈 수 있습니다. 햄버거를 먹으며 애니메이션 영화를 보고 싶다는 것도 적을 수 있고, 햄버거가 우주선 모양을 닮았다는 상상의 글도 쓸 수 있습니다.

아이들이 글을 잘 쓰는 것을 우선적으로 생각하게 해선 안 됩니다. 그것은 어른들도 마찬가지입니다. 일단 쓰는 것이 우선입니다. 그리고 글을 쓰면서 즐겁고 재미있어야 지속할 수 있습니다. 가끔 초등 글쓰기 비법이 무엇인지에 대해 물어보는 부모님들이 있습니다. 그 질문에 저는 농담처럼 말합니다.

"못 쓴 글이오."

글쓰기를 가르치는 사람이 글을 잘 쓸 필요 없다고 말하니 어이없는 표정을 짓기도 합니다. 하지만 진심으로 말하는 겁니다. 글을 잘 쓰기보다 아이가 햄버거를 먹을 때의 기분이 어떠했는지, 맛이 어떠했는지를 자기 마음대로 적기 시작하고 자주 글을 써보는 경험이 중요합니다.

다섯 가지 패턴 글쓰기를 하는 이유는 아이들에게 글쓰기라는 놀이터를 만들어주기 위해서입니다. 글쓰기라는 미끄럼틀과 그네를 타며 신나게 노는 방법을 알려줘야 합니다. 그런데 아이들에게 놀이터에서 노는 방법까지 일일이 가르쳐주는 부모가 있습니다. 아이가 당장은 조금 엉성하게 글을 쓴다고 해도 재미를 느끼면 실력이 쑥쑥 자랍니다. 옆에서 간섭하지 말고 조금 참고 기다려줄 필요가 있습니다. 조급하게 마음을 먹는 것은 아이가 쓰는 글을 대신 써주겠다는 말이나 마찬가지입니다. 그리고 아이가 쓴 글이 무슨 말인지 모르겠다고, 문장 연결이 제대로 안 된다고 자꾸 지적하면 아이에겐 이렇게 들립니다.

"받아 적어."

부모의 조급함만 조금 내려놓으면 아이들은 오감 패턴을 통해 글쓰기의 즐거움을 자연스럽게 알게 됩니다. 제가 글쓰기 수업 시간에 자주 사용했던 글감 두 가지를 소개해보겠습니다. 국어사전에서 단어를 골라 글쓰기를 해도 재미난 오감 패턴 글쓰기를 해볼 수 있습니다.

오감 패턴 글쓰기의 두 가지 소개

첫 번째 글감은 기쁨입니다. 사전에 의하면 '욕구가 충족되었을 때의 흐뭇하고 흡족한 마음이나 느낌'이 곧 기쁨이라고 합니다. '욕구가 충족되었을 때'라는 의미를 잘 모르는 아이가 있었지만, 그래도 상관없습니다. 언제 기쁨을 느꼈었는지를 떠올리며 오감 패턴 글쓰기를 해보도록 했습니다.

학원에서 친구와 말다툼을 해서 기분이 안 좋다.
수업도 늦게 끝나 배도 고프다.
엄마가 시켜준 치킨과 콜라를 먹으니 기분이 좋아졌다.

아이는 치킨을 먹으며 기분이 풀렸던 일화에서 기쁨을 떠올려 글을 썼더군요. 여기서 조금 더 구체적으로 쓰면 글의 분량이 늘어납니다. 그날의 기분은 어땠는지, 치킨 냄새는 어땠는지, 바삭하고 고소한 맛을 어떻게 느꼈는지, 콜라를 마실 때 어땠는지 등을 구체적으로 표현하면 됩니다.

아이는 친구와 다툰 생각 때문에 기분도 안 좋고 배도 고팠는데 엄마가 생각지도 못한 치킨을 시켜주셔서 놀랐을 겁니다. 배달로 온 치킨은 모락모락 김이 날 정도는 아니지만 따끈따끈했을 겁니다. 일반적인 글쓰기를 하게 되면 '치킨을 먹었다', '기분이 좋아졌다' 정도로 표현하고 끝납니다. 하지만 오감을 동원하면 아이들의 글이 몰라보게 달라집니다.

일단 배고플 때 치킨 냄새가 어떻게 달라지는지 표현하게 됩니다. 그저 단순히 치킨이라고 표현하는 것보다 "아! 이 고소한 냄새"라는 식으로 기쁨을 더욱 잘 드러낼 수 있습니다. 더 나아가 "고소한 냄새가 아직 따끈따끈하다."고 말하면 어떻게 달라질까요? 치킨을 한 입 베어 먹었을 때의 느낌을 "오늘 치킨은 새우깡을 먹을 때보다 더 바삭하다."라고 표현하면 또 어떨까요? 이렇게 오감으로 느낀 것을 구체적으로 표현하면 치킨을 먹을 때의 행복감과 기쁨은 더욱 커지게 됩니다.

두 번째 글감은 사랑입니다. 사전에 의하면 '어떤 사람이나 존재를 몹시 아끼고 귀중히 여기는 마음. 또는 그런 일', '어떤 사물이나 대상을 아끼고 소중히 여기거나 즐기는 마음. 또는 그런 일', 마지막으로 '남을 이해하고 돕는 마음. 또는 그런 일'이 곧 사랑이라고 합니다. 이러한 의미를 아이가 읽으면 어떻게 생각할까요? 심지어 저도 어떤 의미인지 잘 모르겠습니다. 사실 아이들과 함께 참여한 엄마나 아빠도 사랑이 무엇인지를 물으면 쉽게 대답하지 못합니다. 몇몇 분들은 주저하다 결국 사람을 사랑하는 것 정도로 대답합니다.

오감 패턴 글쓰기의 장점 중 하나는 어떤 대상을 구체적인 표현으로 쓸 수 있다는 것입니다. 단순히 단어의 의미에 대한 정의를 내리는 것이 아니라 자기만의 느낌을 쓸 수 있기 때문입니다. 언제 자신이 사랑받는 느낌이 들었는지를 떠올리며 글을 써보는 것입니다.

글쓰기가 힘든 이유는 스스로 선생님이 되려고 하기 때문입니다. 사랑에 관해 저 자신도 잘 모르면서 다른 사람을 가르치려 든다면 정말 단어 하나, 문장 한 줄 쓰는 것도 힘들어질 수 있습니다. 오감 패턴을 활용하면 사랑을 잘 몰라도 떠오르는 생각을 써 내려가면 됩니다. 아이들이라면 사랑이라는 글감으로 어떤 글을 쓸까요? 분명한 것은 목숨 바친 숭고한 사랑 같은 것을 쓰지 않다는 사실입니다. "친구와 말다툼을 했다. 욕도 했다. 생각해보니 내가 너무한 것 같다. 미안하다고 말했다."라면서 친구와 사이좋게 지내기 위해 사과하는 행동이 사랑이라고 적을 것입니다.

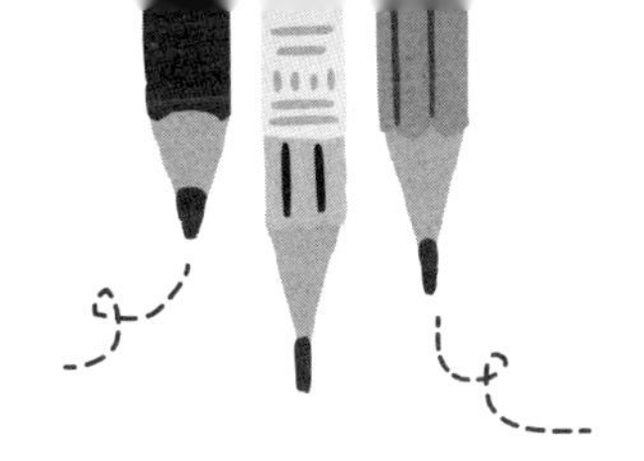

오감 패턴 글쓰기 심화 과정

오감 패턴 글쓰기는 눈, 코, 입, 귀, 손으로 글을 만져보는 놀이입니다. 감각을 글로 표현하려고 하면 냄새를 어떻게 표현해야 할지, 손으로 만져본 느낌을 어떻게 표현할 수 있을지 고민하게 됩니다. 처음 시작할 때에는 다소 어려워하고 어색해하지만 아이들은 한두 문장 써보면서 시각, 청각, 후각, 미각, 촉각으로 표현하는 데 익숙해집니다.

예를 들어 아이들에게 오감으로 표현하는 글을 써보라고 하면 어려워합니다. 그러나 생크림 케이크를 구체적으로 적어보라는 과제를 주면 금방 이해합니다. 일단 생크림 케이크를 테이블 위에 올려놓는 것부터 상상하기 시작합니다.

- **시각** 케이크가 올려져 있는 테이블 주위에 가족이 보여 있고 생일 초를 몇 개 꽂았는지를 시각적으로 쓰는 것은 글을 이미지화하는 것입니다. 글로 그림을 그린다고 생각해도 괜찮습니다. 관찰 패턴 글쓰기처럼 눈에 보이는 것부터 묘사하는 것과도 닮아 있습니다.
- **청각** 생일 축하 노래를 큰 소리로 부른 사람이 누구인지, 박수 소리는 컸는지, 폭죽 소리는 어떻게 들렸는지 등 청각적인 것을 글로 옮기는 것은 창의적 표현을 이끌어내는 효과가 있습니다.
- **미각** 케이크의 맛은 어땠는지에 대해 쓰면 보통 "생크림 케이크가 맛있었다."라고 써버리고 맙니다. 하지만 그 맛에 집중해 어떤 맛이었는지를 구체적으로 떠올리며 쓰면 글의 분량이 많아지고 보다 구체적으로 묘사할 수 있습니다. "생크림을 입에 넣으니 아이스크림보다 달콤하고 부드러운 맛이 난다."처럼 말이죠.
- **후각** 생크림 케이크에서 향기가 나는지는 냄새를 맡아보지 않으면 모릅니다. 요리하는 사람이 맛을 보기 전에 향을 맡아보며 맛을 상상하는 것처럼 냄새를 통해 느낀 점을 적어보면 상상력이 더욱 풍부해질 수 있습니다. 꼭 생크림에 있는 냄새뿐 아니라 관련된 어떤 것이든 좋습니다.
- **촉각** 손가락에 생크림이 닿은 느낌은 어땠는지를 적어보는 것도 좋습니다. 가장 비슷한 느낌을 주는 사물에 빗대어 글을 써보면 더욱 다양한 표현을 완성할 수 있습니다.

오감 패턴 글쓰기를 할 때 오해하지 말아야 할 것이 있습니다. 오감을 모두 동시에 쓸 필요는 없다는 것입니다. 그렇다고 한 가지 감각으로만 표현해 쓸 필요도 없습니다. 어떤 대상에 대해 오감으로 느낀 것을 적절히 섞어서 쓰면 됩니다. 또 반드시 감각으로 느낀 것만 쓰는 게 아니라 오감 패턴을 활용하면서 떠오르는 글은 무엇이든 써도 괜찮습니다. 아이가 오감 표현이 없는 글을 쓴다 해도 상관없습니다. 인간이 지닌 모든 감각을 동원해 표현하면 글을 쉽게 쓸 수 있습니다.

또 글을 쓰는 중간중간에 오감에 의한 표현을 써본다면 재미난 표현도 쓸 수 있습니다. 우선 '맛있다'라는 표현에서 느껴지는 자신만의 언어로 글을 쓰기 시작합니다. 보통 맛있다는 표현을 더 구체적으로 써보라고 하면 '정말 맛있다' 정도로 표현합니다. 여기에서 더 나아가 "생크림은 내가 제일 사랑하는 맛이다. 아이스크림보다 더 달콤하고, 부드럽다."라고 적을 수도 있습니다. 어쩌면 "생크림은 첫눈이 오는 것보다 설레는 맛이 난다."라고 적을 수도 있습니다. 아이들에게 오감 패턴 글쓰기를 시켜보면 저조차도 예측할 수 없는 기발한 표현들이 수없이 쏟아집니다. 그게 바로 오감 패턴 글쓰기의 흥미로운 요소이자 장점입니다.

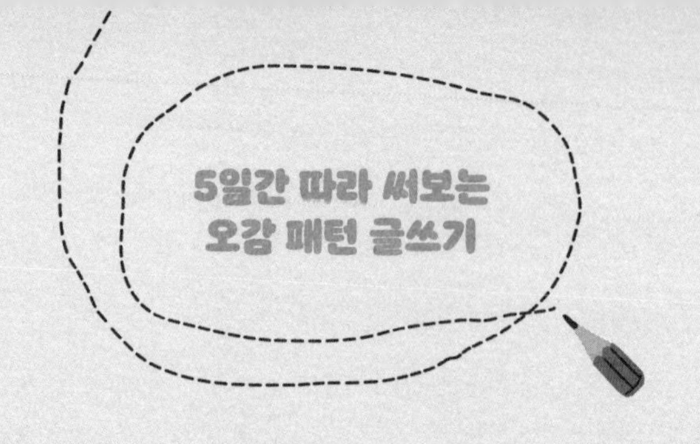

월요일 : 촉각(손)을 활용해 글을 써보세요.

주변에 있는 어떤 물건이든 하나를 정해 눈을 감고 손으로 만져보고 느낌을 적습니다. 연필, 필통, 가방, 휴대전화, 가족 얼굴, 냉장고, 얼음, 책…. 무엇이 더 있을까요?

예를 들어 나무에 대해 써봅시다. 우선 눈을 감고 손으로 만져본 느낌을 글로 적으며 시작해봅시다. 글쓰기 수업에서 눈을 감고 나무를 안아보고 손끝으로 만져보고 느낀 것을 글로 써본 적이 있습니다. 당시에 한 아이가 이렇게 글을 썼었습니다.

> 나무 피부가 울퉁불퉁하다.
> 팔을 벌려 안아봤다.
> 나무에 얼굴을 비벼 보니 아빠 수염보다도 더 따갑다.

손의 감각에 집중하고 글로 적어보세요.

화요일 : 미각(입)을 활용해 글을 써보세요.

맛볼 수 있는 것은 모두 글감이 될 수 있습니다. 아이가 좋아하는 음식을 떠올려 글을 써보게 합니다. 피자, 치킨, 짜장면 등을 먹는 장면을 마치 게임처럼 써보는 것도 재미있습니다. 예를 들어 피자를 시켜 먹었을 때 어떤 맛이었는지, 피자에 온기가 남아 있었는지, 피자 위 토핑의 맛은 어땠는지 등에 대한 느낌을 서로 놀이하듯 번갈아 쓰도록 아이들에게 제안하면 좋아할 것입니다.

물론 미각 외에 느낀 것을 적어도 됩니다. 피자 맛이 어땠는지를 시각적으로 보여주는 글도 함께 쓸 수 있습니다. 글머리를 열어주는 것입니다. 이처럼 맛을 다른 것에 연결지어 상상하는 것을 글로 표현해도 좋습니다.

이렇게 글쓰기를 놀이처럼 하게 되면 다음에 치킨을 시켜 먹으며 글을 써보자고 물어보기만 해도 아이들이 먼저 글을 쓰자고 나설지 모릅니다. 학교에서 점심 때 먹은 메뉴로도 많은 글을 쓸 수 있습니다. 짬뽕, 탕수육, 라면, 통닭, 피자, 사이다… 등 음식만으로도 이렇게 글감이 엄청나게 늘어납니다. 무엇이 더 있을까요?

수요일 : **후각(코)을 활용해 글을 써보세요.**

꽃향기, 화장품, 엄마 냄새, 음식, 방귀(방귀 냄새는 빠지지 않고 등장하는 글감입니다)…. 무엇이 더 있을까요?

목요일 : **청각(귀)을 활용해 글을 써보세요.**

새소리, 음악 소리, 천둥소리, 물소리, 바람소리, 빗소리…. 무엇이 더 있을까요?

금요일 : **시각(눈)을 활용해 글을 써보세요.**

하늘, 땅, 바다, 산…. 무엇이 더 있을까요?

★ 선생님의 글쓰기 지도 Tip! ★

관찰 패턴이나 오감 패턴은 아이의 글머리를 열어주기 위한 수단입니다. 처음부터 잘 쓰기 위한 목적으로 활용하는 방법이 아닙니다. 또한 관찰이나 오감 패턴은 서로 별개의 글쓰기 방법이 아니라 하나의 글을 쓸 때 함께 적용하는 방법입니다. 피자를 예로 들어보죠. 피자를 먹으며 맛에 관한 글을 쓸 때 피자를 관찰하는 것도 함께 글에 쓰게 됩니다. 이렇게 두 가지 이상 패턴을 결합한 것을 '패턴 형성'이라고 합니다. 복잡하게 생각할 것 없습니다. 관찰 패턴이나 오감 패턴을 아이에게 알려주지 않아도 스스로 다양한 패턴의 글을 적용하며 쓰게 돼 있습니다. 일부러 두 가지 패턴을 함께 써보라고 알려주면 오히려 처음에는 혼란스러워할지 모릅니다.

오감 패턴을 활용하면 아이와 교감하고 소통하는 시간을 많이 만들 수 있습니다. 서로 안아주고 그 느낌이 어떤지 부모는 부모대로, 아이는 아이대로 글을 써보는 것만으로도 서로 소통하고 교감하게 됩니다. 아이들이 글을 쓸 때 부모가 참여하는 것이 무엇보다 중요합니다. 아이는 부모가 칭찬과 격려를 해주는 것만으로도 힘을 얻습니다. 또 함께 글쓰기에 참여하면 아이들이 더 능동적으로 쓸 수 있습니다. 예를 들어 아이가 마라톤 경기에 참여한다면 관중이 되어 응원해줄 수도 있지만, 부모가 마라톤에 참여해 함께 뛰어도 좋겠죠. 아마도 부모와 함께 속도를 맞추며 달리면 아이의 발걸음은 더 경쾌해지고 쉽게 포기하지 않을 겁니다. 글쓰기도 마찬가지로 부모가 함께한다면 정말 큰 힘이 될 것입니다.

7장

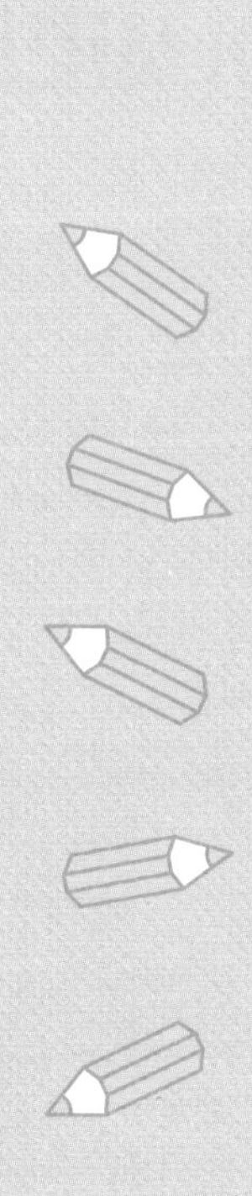

물고 답하며 사고력을 키우는 질문 패턴 글쓰기

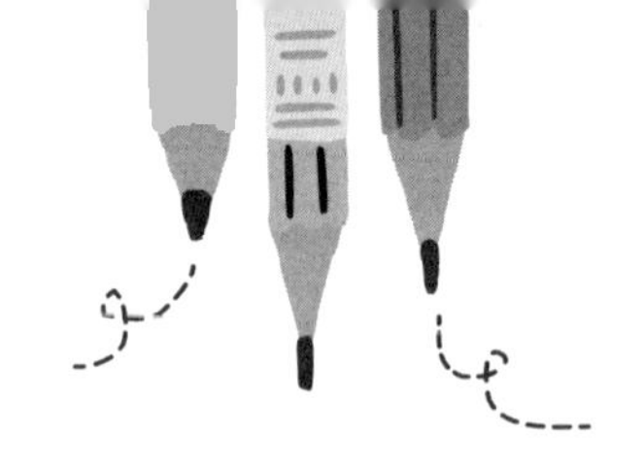

'왜'를 앞세우면 글이 써진다

글쓰기 수업 시간에 "오랜 시간이 지나면 지구는 어떻게 변해 있을까?"라는 질문을 받고 아이가 이런 문장을 썼습니다.

미래에는 지구에 흙만 남게 될지 모른다.

왜 흙만 남는다고 한 것일까요? 지구에 흙만 남게 될지도 모른다는 상상은 바닷가 모래와 연결되어 있습니다. 산 위에 있던 바위가 굴러떨어지고 부서져 결국 모래가 되어 바닷가까지 도착한다는 과학 지식을 동원해 쓴 글이죠. 그리고 오랜 시간이 지나면 모든 것이 흙이 되리라 추측해본 것입니다.

"지구에 흙만 남게 되기까지 얼마나 걸릴까요?"

"글쎄. 아주 오랜 시간이 걸리겠지. 물도 바람도 나이를 아주 많이 먹을 때쯤."

아이의 질문에 뭐라고 해야 할지 몰라 얼렁뚱땅 말하고 넘어갔습니다. 관찰 패턴 글쓰기의 장점은 누구나 쉽게 쓸 수 있다는 것이고, 오감 패턴 글쓰기의 장점은 다양한 감각을 통해 느낀 것을 글로 쓸 수 있다는 것입니다. 이제 질문 패턴 글쓰기를 활용해 '왜'라는 질문만 앞세우면 더 많은 글감을 만들 수 있습니다.

왜 공부를 할까?
우리는 무엇 때문에 공부할까?
나중에 어른이 되어 학교에서 배운 수학, 영어, 과학 등은 다 안 쓰는 것 같던데. (중략)
공부하는 이유를 잘 모르겠다.

질문 패턴 글쓰기 시간에 학교와 공부에 관련된 것을 써본 적이 있습니다. 당시 동생과 함께 수업을 들은 중학교 1학년이 쓴 글 중 일부입니다. 왜 공부를 하는지에 대해 자신이 질문을 하고 답을 쓴 글인데, 아이 자신도 답을 모릅니다. 하지만 중요한 건 질문을 해봤다는 겁니다.

평소 생각하지 못했던 공부를 하는 이유를 찾아보기로 한 것은 큰 수확입니다. 이러한 출발점으로부터 많은 생각이 뻗어나가고 글쓰기로 이어지면 수많은 답을 생각해보게 됩니다. 그뿐만이 아닙니다. 질문을 만들어내는 능력도 점점 좋아집니다. '왜'라는 질문을 '어떻게'로 시작하는 질문으로 바꾸면 생각할 수 있는 방향도 달라지고 답도 달라집니다. 이렇듯 질문 패턴 글쓰기는 수많은 글감을 만들 수 있는 글쓰기의 방법입니다.

왜 공부를 해야 하는지, 왜 학교에 가야 하는지 스스로 질문해봤다면, 머릿속에서만 답하는 것이 아니라 직접 글로 써보는 것이 중요합니다. 아이 스스로 공부에 대한 질문을 찾아냈다면 '공부=좋은 대학과 좋은 직장'을 위한 것인지 의문을 갖게 합니다. 만약 이러한 질문을 떠올려보지 않았다면, 그리고 수학이나 영어 시험에서 몇 점을 받았는지만 관심을 가졌다면 공부에 대해 진지하게 생각해보지 못했을 것입니다. 공부를 하는 이유에 대해 스스로 질문을 만들어본 아이라면 글쓰기를 하며 공부가 자신에게 어떤 의미인지를 다양한 관점에서 생각하는 시간을 가질 수 있었을 겁니다.

언젠가 초등 글쓰기 수업 때 아이들에게 물어봤습니다.

"왜 학교에 갈까?"

"엄마가 가라고 하니깐요."

아이들 중에는 아무 말도 못 한 아이도 있었습니다. 학교에 가는 것을 당연하다고 여길 뿐, 매일 학교에 가면서도 왜 학교에 가야 하는지에 대한 질문을 해보지 못했던 겁니다. 초등학생에게는 어려운 질문일 수도 있습니다. 하지만 질문 패턴 글쓰기를 해보면 놀랄 만큼 아이들의 글이 바뀝니다. 자신이 생각하지 못한 것을 알게 해주기 때문이죠.

의외로 아이들에게는 질문을 잘 만드는 능력이 있습니다. 다만, 평소에 많이 질문해보지 않아서 어색해할 뿐입니다. 그래서 질문 패턴 글쓰기를 활용하는 방법을 알려주기만 하면 곧잘 질문을 만들어 글쓰기를 해냅니다. 특히 구체적인 질문을 아이들에게 던지기보다 스스로 질문을 만들게 하는 것이 좋습니다.

예를 들어 '학교'라는 단어를 정해 자유롭게 질문을 만들어보라고 하면 재미난 질문들이 많이 나옵니다. 왜 게임을 학교에서 가르쳐주지 않는지와 같은 질문이 나오기도 합니다. 또 이 세상에서 학교가 없어진다면 어떻게 될지를 묻는 발칙한 내용도 있습니다. 이처럼 아이들이 만들어내는 질문은 어디로 튈지 모릅니다.

글쓰기에 앞서 아이들에게 질문을 직접 만들어보게 하는 것도 글을 쓰기 위한 준비 시간입니다. 이러한 질문 패턴 글쓰기는 창의력을 키우는 데 많은 도움이 됩니다. 다른 무엇보다 아이들의 흥미를 불러일으켜주기 때문입니다. 아이들에게 기발하고 재미난 질문을 하거나 아이들과 함께 질문을 만들어 글쓰기를 하면 재미와 창의력이라는 두 마리 토끼를 한번에 잡을 수 있습니다.

스마트폰이 사라진다면?

세상에 신발이 없어진다면?

내가 치타보다 빨리 달릴 수 있다면?

1시간마다 피자를 먹는다면?

이런 상상을 시작으로 글을 쓴다면 아이들의 글은 어디로 뻗어나갈지 모릅니다. 질문 패턴 글쓰기는 어떤 질문을 하느냐에 따라 수많은 글이 쏟아져 나올 수 있습니다.

앞서 미래에 지구에는 흙만 남을지를 묻는 질문에 대한 대답을 아이와 함께 이야기해보고 '먼지만 남지 않을까?'라는 상상력을 더한 글을 써보는 것은 어떨까요?

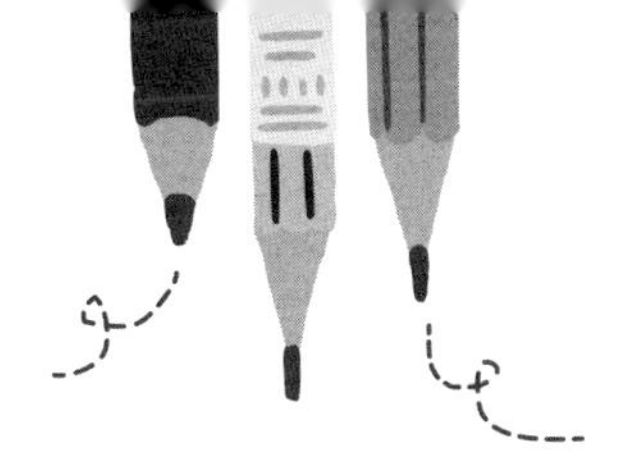

상상력과 숨바꼭질하는 거꾸로 질문

"아이들이 글쓰기를 잘하려면 어떻게 해야 할까?" 저 스스로에게 던진 질문에 답을 찾기가 어려웠습니다. 자주 많이 써보게 하고, 책도 많이 읽게 한다는 뻔한 대답만 돌아왔습니다. 주변에 평소 글쓰기를 하는 아이가 있는지 살펴보기도 하고, 직접 아이들에게 물어보기도 했습니다. 예상은 했지만 글쓰기를 즐겨 하는 아이는 한 명도 만날 수 없었습니다. 눈높이를 낮춰 일주일에 한 편 정도라도 글을 쓰는 아이들이 있는지 찾아봤지만, 그마저도 없었습니다. 돌아보니 우리 집 아이들도 마찬가지였습니다. 아이들에게 글쓰기를 하자고 하면 마지못해 따라 하는 시늉만 했으니, 처음부터 질문이 잘못된 걸 알았습니다.

질문을 과감하게 바꿔야 한다는 것을 깨달았습니다.

"아이들이 글을 쓰게 만들기 위한 방법은 무엇일까?"

질문을 바꿨더니 방향이 보이기 시작했습니다. "글쓰기를 쉽게 시작하려면 어떻게 해야 할까?"라는 질문도 떠올랐습니다. 몇 번의 시행착오를 겪고 나서야 "고민하며 써야 글쓰기를 잘할 수 있다."라는 접근방식에서 "쓰면서 글쓰기를 배울 수 있다."는 접근방식으로 바뀌었습니다. 질문을 바꾸면 답도 바뀐다는 진리를 다시 한 번 경험하는 계기가 됐습니다.

이렇게 질문을 바꾸고 접근방식을 달리해보니 해결책도 다르게 나왔습니다. 눈에 보이는 것을 글로 묘사해보자는 관찰 패턴 글쓰기 방식도 찾을 수 있었습니다. 보이는 것을 글로 쓰면서 글쓰기와 친해지게 만들면 되겠다는 결론에 도달했습니다.

곧바로 글쓰기 수업에서 관찰 패턴 글쓰기를 활용해보기로 했습니다. 초등 고학년을 대상으로 생각했는데 저학년도 곧잘 따라서 글을 썼습니다. 지금 당장 떠오르는 생각이 없어도 눈에 보이는 것을 쓸 수 있는 관찰 패턴 글쓰기를 반복해 경험할수록 아이들은 글쓰기를 즐거워하고 실력도 덩달아 좋아졌습니다. 그뿐만 아니라 글쓰기를 힘들어하던 모습도 거의 없어졌습니다. 질문을 바꾸니 글쓰기에 대해 오래도록 갖고 있던 고정관념을 저부터 떨쳐낼 수 있었습니다.

자신이 알고 있는 사실을 뒤집어 질문하기

아이들은 재미를 느끼지 않으면 책도 잘 읽지 않습니다. 책을 읽더라도 마지못해 억지로 읽습니다. 책 내용을 이해하지 못하면 읽는 것 자체도 힘들어합니다. 그런 아이들에게 글쓰기란 백지를 읽는 것과 다를 바 없습니다. 분명 책 읽는 것을 좋아하는 아이가 글도 잘 쓸 가능성이 큽니다. 자신도 모르게 책을 통해 글쓰기의 재미와 노하우를 습득하기 때문입니다. 하지만 아이들의 글쓰기는 꼭 책을 많이 읽는다고 잘할 수 있는 것은 아닙니다.

상상력을 자극하는 질문 습관을 키우면 책을 많이 읽지 않은 아이도 재미난 글을 잘 씁니다. 창의성은 다른 무엇보다 기발한 상상력이 필요하기 때문입니다.

"물고기가 육지에서 살 수 있다면?"

우리가 이미 알고 있는 사실을 거꾸로 뒤집어 질문하고 글을 쓰면 별의별 이야기가 펼쳐지기 시작합니다. 물고기의 지느러미가 길어져 다리가 되어 걸어 다닐 것 같다는 글도 있고, 뱀장어가 몸을 동그랗게 만들어 굴러 다닐 것 같다는 글도 등장합니다. 미처 생각해보지 못한 글들이 넘쳐납니다. 물고기가 땅으로 올라오면 죽는다는 생각에만 머물러 있던 아이들이 상상의 나래를 펼치기 시작합니다. 그러한 상상력을 자극하는 질문을 '거꾸로 질문'이라고 부릅니다.

질문 패턴 글쓰기 수업에서는 질문을 만드는 것 자체가 중요한 핵심이자 아이들의 글쓰기를 자극하는 원동력입니다. 특히 거꾸로 질문을 만들어 글쓰기를 하면 아이들이 적극적으로 참여할 때가 많습니다. 가끔 아이들과 장난처럼 질문을 만들다 보면 글쓰기 시간이 모자랄 때도 있습니다. 몇 가지 예를 들어보면 이렇습니다.

강아지가 물속에서만 산다면?
물고기가 땅에 산다면?
벼룩이 코끼리보다 힘이 세진다면?
비가 땅에서 하늘로 올라간다면?
나무가 움직인다면?
'안녕' 하고 고양이가 말한다면?

거꾸로 질문을 받은 아이들은 정말 기상천외한 이야기를 풀어냅니다. "고양이가 안녕 하고 인사하면, 나는 야옹 하고 대답해도 알아들을까?" 정도는 아무것도 아닙니다. 스파이더맨으로 변신도 하고, 우주를 공짜로 갔다 오는 것도 아무렇지 않게 글로 씁니다.

상상력에 관해 글쓰기를 해봐도 좋습니다. 한번은 개미처럼 작아지면 어떤 일이 벌어질지에 대해 상상한 상황을 말해주자 아이들의 눈이 초롱초롱해지더니 어느새 이야기에 집중하기 시작했습니다.

"학교 가는 건널목에서 신호를 기다리고 있었다. 앗 따가워! 개미가 발목을 물었다. 그때였다. 갑자기 펑! 소리를 내며 내가 개미만 해졌다.

온몸이 시커먼 개미가 나를 노려보면서 말했다. '넌 누구냐?' 갑자기 개미가 말을 한다. 난 어떻게 했을까?"

아이들에게는 여기까지만 이야기해주고 다음에 어떻게 됐을지 각자 상상한 글을 써보게 했습니다. 아인슈타인은 "지식보다 중요한 것은 상상력이다."라는 말을 남겼습니다. 아이들에게 상상력을 불러일으킬 질문을 만들어보게 하는 것만으로도 글쓰기를 연습하는 데 많은 도움이 됩니다. 다만 우리가 상상할 수 없기에 만들어내지 못하는 것뿐입니다. 상상하는 연습을 통해, 그리고 상상력을 만들어주는 질문 패턴을 활용해 아이들의 머릿속 생각을 말랑말랑하게 만드는 기회를 만들어주세요.

질문 패턴 글쓰기 심화 과정

질문이 질문을 만듭니다. 질문은 어렵게 생각하면 한없이 어렵고, 쉽게 생각하면 한없이 쉽습니다. 아이들은 질문의 필요성을 잘 모릅니다. 일단 질문 패턴 글쓰기의 첫걸음은 질문으로 글감을 만들어보는 것입니다.

흥미롭게도 질문을 해야 질문이 만들어집니다. 장난 같은 말이지만 아이들과 글쓰기를 할 때 어떤 질문을 해볼지 물으며 글쓰기 수업을 시작합니다. 막상 질문을 만드는 것은 굉장히 막연한 일이지만 궁금한 것이 없다면 질문도 없는 법이니까요.

질문 패턴 글쓰기가 관찰 패턴과 오감 패턴 글쓰기와 가장 다른 점은 질문을 만들어본다는 것입니다. 관찰 패턴은 눈에 보이는 것을 먼저 쓰면 되고, 오감 패턴은 눈, 코, 입, 귀, 손으로 느끼는 것을 쓰면 됩니다. 질문 패턴은 모든 글감이 질문에서 나온다는 차이가 있습니다.

모든 생각과 상상의 시작

"쓸 것이 없어요."

"그럼 나는 왜 쓸 것이 없는지 스스로 질문하고 대답을 해보세요."

왜 쓸 것이 없는지를 묻는 질문에 아이들은 대부분 이렇게 글쓰기를 시작합니다.

왜 쓸 것이 없을까? 생각나는 게 없어서다. 생각나는 게 없다는 건 질문할 게 없다는 것이다.

아이들은 아직까지 더 간명하게 질문하는 법을 모르기 때문입니다. 하지만 너무 급하게 생각하지 않아도 됩니다. 여기까지 말하도록 유도하는 것만으로도 질문할 준비 운동을 마친 것입니다. 단지 아직 질문하지 않았을 뿐, 아이 스스로 생각나는 게 없다고 말하면서 출력 준비를 마친 상태입니다. 이때 "궁금한 게 뭘까?" 하고 살짝 건드려주기만 하면 아이들의 질문이 시작됩니다. 무엇보다 아이들 스스로 주체가 되어 적극적으로 질문을 만들도록 도와줘야 합니다. 그래서 말장난 같은 "왜 쓸 것이 없을까?"라는 질문을 스스로에게 던지고 답해보라고 한 것입니다.

질문 패턴 글쓰기는 먼저 스스로 궁금한 것을 찾아 자신에게 물어보고 답을 해보는 것입니다. 처음부터 대단한 질문을 할 필요도 없습니다. 그저 왜 그런지를 생각하면 글감은 밤하늘의 수많은 별만큼 다양하게 나옵니다.

아이가 "소풍 갈 때 기분은 왜 좋아질까?"라는 질문을 만들었다면 그것에 대해 떠오르는 생각을 글로 쓸 수 있습니다. 소풍을 가기 전날의 설레는 마음도 적고, 친구들과 함께 소풍을 간 곳에서 놀았던 기억도 적으면 됩니다.

"밤하늘의 별은 왜 반짝거릴까?"라는 질문을 던지고 태양 빛이 반사되기 때문이라는 과학적 지식을 바탕으로 쓴 글도 있었습니다. 또 "별은 어둠을 밝히는 하늘의 가로등"이라는 감성적인 글도 쓸 수 있습니다. 어떤 대상에 대해 왜 그러한지, 어떻게 그럴 수 있는지를 계속 떠올리며 자신의 생각을 연결해 적어 내려가는 것이 질문 패턴 글쓰기입니다. 기억하세요. '왜'를 생각하면 모든 질문을 만들 수 있습니다.

여러 가지 질문에 '왜'를 붙이기

아이들이 질문 만들기를 힘들어하면 먼저 '왜'를 앞세워 보도록 합니다.

'왜' 학교에 가야 하나?

'왜' 글쓰기를 해야 할까?

'왜' 강아지는 멍멍하고 짖을까?

질문에는 다양한 성격의 질문들이 있습니다. 앞서 설명한 것처럼 거꾸로 질문은 기존의 상식을 뒤집는 식의 질문을 던지는 방식입니다. 보통 아이들이 당연하게 여기는 것을 거꾸로 생각하게 만들고 그것을 글감으로 삼는 것입니다.

내가 선생님이 되었다면?

하늘을 걸을 수 있다면?

잠자리가 물속에 산다면 어떻게 수영을 할까?

또 한 가지 새로운 질문을 소개할까 합니다. 바로 상상 질문입니다. 상상 질문은 말 그대로 상상하는 모든 것을 물어볼 수 있습니다. 질문의 범위가 한정되지 않는다는 말입니다. 자신이 상상하는 것 뒤에 질문을 붙여도 다양한 질문거리를 만들어낼 수 있습니다.

달나라를 공짜로 가는 법

지구에 중력이 없어지면 어디까지 날 수 있을까?

내가 마블 주인공이 되면 일어나는 일

질문 패턴 글쓰기의 특징은 질문을 만드는 것 자체도 글쓰기에 포함된다는 사실입니다. 다른 패턴과 마찬가지로 지우개를 치우고, 10분 동안 멈추지 않고 쓰는 방식은 같습니다.

질문만을 만드는 방식을 사용해도 상관없고, 시간이 조금 여유롭다면 그 질문에 대해 10분 글쓰기를 하면 더 좋습니다. 아이들 중에는 질문 패턴 글쓰기 시간에 10개가 넘는 질문을 만들어내는 아이도 있습니다. 이때 막연하게 질문을 만들어내도록 유도하기보다 질문을 만들어내는 과정에 재미를 붙이기 위해 숫자를 활용하면 더욱 좋습니다.

먼저 세 가지 질문을 찾을 수 있도록 번호를 세 개 정도 붙여둡니다.

1. ____________________
2. ____________________
3. ____________________

그러면 아이들은 본능적으로 공백을 채우려는 욕구가 생깁니다. 무엇을 질문할 것인지를 아이들이 먼저 선택하게 해도 됩니다. 그리고 왜 그러한 것인지를 생각나는 대로 적게 합니다. 세 가지 질문이 금방 다 채워졌다면 계속 번호를 추가하면 됩니다. 시간적 여유가 있다면 상상 질문도 적게 합니다. 이제 정리가 됐으면 여러 가지 질문에서 하나를 골라 질문 패턴 글쓰기를 하면 됩니다.

질문을 만드는 것으로 끝이 아닌지, 글쓰기에 정말 도움이 되는지 궁금해하는 분들이 많습니다. 하지만 질문을 만드는 만큼 아이는 자신의 호기심과 창의적 생각을 펼치는 시간을 갖게 됩니다. 많은 질문을 만들었던 아이가 질문 패턴 글쓰기를 하면서 신나게 글을 쓰는 경우가 많습니다. 질문을 스스로 찾은 만큼 당연히 글의 분량도 남다릅니다. 질문을 만들면 생각이 꼬리에 꼬리를 물며 계속 이어지고, 스스로 질문하면서 답을 찾아보기 때문입니다. 질문할수록 아이의 생각은 구체적으로 변해갑니다. 그리고 어느 순간 아이는 미지의 세계를 탐험하는 여행가가 돼 있을 겁니다.

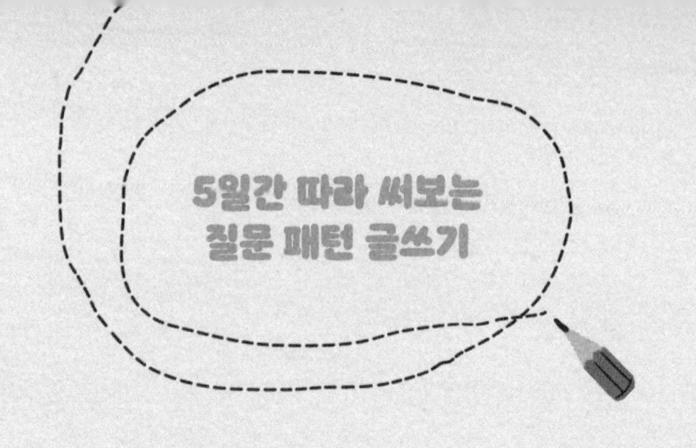

월요일 : "왜 그럴까?"란 질문을 만들고 생각을 글로 써보세요.

질문 패턴 글쓰기를 할 때 머릿속에 떠오르는 것들에 대해 "왜 그럴까?"라는 질문을 해봅시다. 아이들이 주변에서 경험한 것들 중 질문의 대상은 무궁무진합니다. "왜 나는 짜장면을 좋아할까?"와 같은 가볍고 재미난 질문으로 시작해도 좋습니다. 질문은 답이 아니니, 별것도 아닌 것을 질문으로 만든다는 생각으로 가볍게 시작하면 좋습니다. 원래 질문은 엉뚱하게 생각할 때 잘 만들어집니다. 질문을 잘할수록 낯선 시선으로 보는 힘도 키울 수 있습니다.

화요일 : 상상 질문을 만들고 생각을 글로 써보세요.

영화 〈스파이더맨〉을 보면 다양한 상상을 하게 됩니다.

"만약 내가 스파이더맨이 된다면 어떤 일이 벌어질까?"

"고소공포증이 있어 높은 곳에 올라가는 걸 무서워하는데 스파이더맨이 되면 괜찮아질까?"

"거미줄에 무지개 색깔을 넣으면 멋지지 않을까?"

"악당을 잡으면 기분이 어떨까?"

이런 상상을 한 뒤 질문을 하면 세상에 질문하지 못할 것이 없습니다. 달나라를 공짜로 가는 법으로 한 편의 글을 써도 됩니다. 과학자가 되어 달나라까지 한 번에 점프할 수 있는 신발을 만드는 상상을 할 수도 있습니다. 과연 그런 신발을 만들기 위해 어떻게 해야 하는지를 생각하다 보면 정말 기발하고 상상력이 넘치는 글을 쓰게 됩니다.

수요일 : 거꾸로 질문을 만들고 생각을 글로 써보세요.

무엇이든 거꾸로 질문해보면 어떨까요? 땅을 걷지 않고 거꾸로 하늘을 걷는다면 어떻게 될지 생각해보면 재미난 글쓰기가 될 것입니다. 물속에 사는 강아지도 떠올려볼 수 있습니다. 물속에서 강아지가 짖을 때 '멍멍' 소리가 어떻게 들릴지 궁금하지 않나요?

목요일 : 평소 궁금했던 점을 질문으로 만들고 생각을 글로 써보세요.

바위가 돌멩이가 되고, 돌멩이가 자갈이 되고, 자갈이 점점 더 작아지면 흙이 되는 현상에 대해 질문한 아이는 어떻게 자신의 생각을 펼쳐갔을까요? 과연 오랜 시간이 지나면 지구에 흙만 남을까요? 평소 궁금하게 생각했던 것들이 무엇인지 찾아보고 질문을 만들어보세요.

금요일 : 꿈에 관한 질문을 만들고 생각을 글로 써보세요.

어른이 되면 어떤 일을 하고 있을지에 대해 질문을 해보면 저마다의 꿈을 글로 쓸 수 있습니다. 전투기 조종사가 되어 새처럼 하늘을 나는 기분을 글로 쓸 수 있습니다. 탐험가가 되어 자전거를 타고 세계여행을 해보는 것도 쓸 수 있고, 꿈에 관한 질문을 해도 수많은 글감이 쏟아집니다. 친구와 함께 질문을 만들어봐도 좋습니다. "네 꿈은 뭐니?" 하고 묻고 "전투기 조종사"라고 답하면서 서로서로 더 구체적인 질문을 만들면 좋습니다. 가정에서 부모가 아이와 함께 질문을 만들어보길 적극적으로 추천합니다. 글쓰기를 놀이처럼 생각해 장난치며 질문을 만들면 더욱 좋습니다.

■ 선생님의 글쓰기 지도 Tip! ■

질문을 만들어 글을 쓸 줄 알면 질문 패턴 글쓰기를 완벽하게 소화한 것입니다. 앞서 5일간 따라 써보는 질문의 대표적인 것들을 살펴봤지만, 각자 자신이 생각하는 질문을 떠올려보는 것이 더욱 중요합니다. 질문을 떠올리기 어려워하는 아이들을 위해 일부 예시 질문들을 소개해 질문을 해야만 글을 쓸 수 있다는 것을 보여주고자 했습니다. 각자 연습을 통해 어떻게 질문을 만들어낼 수 있을지 생각해보는 시간을 갖길 바랍니다.

글쓰기는 오늘부터 꼭 쓰겠다거나 매일 포기하지 않겠다는 식의 결심과 의지를 다지는 것만으로는 충분하지 않습니다. 그보다 낙서장에 끄적이더라도 글을 직접 써보는 환경을 만드는 것이 효과적입니다.

언젠가 책쓰기 강의를 들었을 때 강사의 말이 떠오릅니다. 어떤 저자는 원고를 쓰면 반드시 종이에 출력해서 보관한다고 합니다. 글을 쓴 종이를 모을수록 자신의 글이 늘어나는 것을 눈으로 확인할 수 있기 때문이죠. 또 가끔 글쓰기가 너무 싫거나 힘들어질 때 종이 무게가 조금씩 무거워지는 것을 느낄 수 있어 힘을 얻는다고 합니다.

저도 원고를 쓸 때마다 출력해서 보관해봤습니다. 한 장 두 장 쌓일 때는 별것 아니라고 생각했는데 열 장 정도 쌓이자 묵직한 원고지 뭉치들이 눈에 들어왔습니다. 그 뒤로 종이가 쌓여가는 재미 때문에라도 글을 더 열심히 쓰게 됐습니다. '견물생심(見物生心)'이라는 말처럼, 자신이 쓴 글이 엉성하고 미완성일지라도 글들이 모이는 것을 보면 더욱 열심히 쓰려는 의욕이 생길 겁니다.

8장

마음을 깊이 살피는
감정 패턴 글쓰기

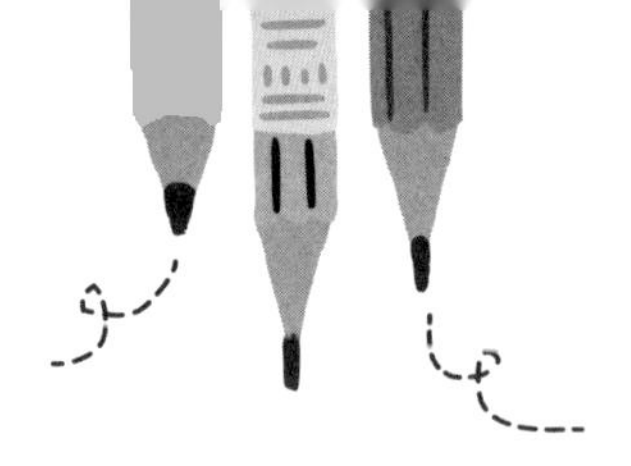

감정에는
수많은 글감이 있다

아이들의 감정을 표현하는 단어는 수없이 많습니다. '즐겁다', '기쁘다', '슬프다', '신난다', '힘들다', '서운하다', '답답하다', '아쉽다', '다행이다', '싫다', '짜증 난다', '후회된다', '기대된다'….

감정의 사전적 정의는 '어떤 현상이나 일에 대하여 일어나는 마음이나 느끼는 기분'이라고 합니다. 아이들에게 설명하기에는 조금 어려운 의미이긴 합니다. 하지만 감정을 복잡하게 설명할 필요도 없습니다. 딱 이 한마디면 됩니다.

"오늘 어떤 기분이 들었어?"

자신의 감정이 어떤지 잘 모르겠다고 하면 가족이나 친구들과 만남에서 즐거웠던 일, 갑자기 화가 났던 일, 신났던 일, 속상했던 일 등 각자가 느꼈던 기분을 글로 표현해보라고 하면 됩니다. 온 가족이 함께 바닷가로 떠났을 때 모든 것이 온통 붉은 색으로 물든 노을 풍경을 보고도 아빠, 엄마, 아이가 각각 다르게 표현할 수 있습니다. 자신에게서 일어나는 다양한 감정을 글로 적어보는 것만으로도 많은 의미가 있습니다.

하루 일과 속에 숨은 감정 찾기

감정 패턴 글쓰기의 시작은 쉽습니다. 아이들에게 "즐거웠던 때를 떠올려 생각나는 걸 적어보세요."라고 말하면 됩니다. 물론 친구와 재미나게 놀았던 일을 쓸 수도 있고, 반대로 서로 다투고 삐졌던 마음을 써도 됩니다.

감정 패턴 글쓰기는 글감을 밖에서 찾는 것을 멈추고 자기 안으로 시선을 돌리게 합니다. 다른 무엇보다 자기 자신을 바라보게 합니다. 이렇게 자신의 감정 덩어리를 글감으로 사용하면 쓸거리가 많아집니다. 자신의 다양한 감정을 더 잘 알 수 있습니다.

글쓰기 전에 시간적 여유가 있다면 글쓰기 준비 운동을 하는 것도 좋습니다. 아이들에게 각자 좋아하는 것이 무엇인지 물어보면 모두 제각각의 답변을 내놓습니다. 게임할 때가 제일 즐겁다는 아이, 놀이공원에서 바이킹을 탈 때 짜릿하다는 아이도 있습니다. 세뱃돈을 듬뿍 받을 때 기분이 최고였다고 말하는 아이도 있습니다.

이렇게 한두 명이 즐거웠던 일을 말하면 서로 앞다투어 자신의 기억을 더듬어 꺼냅니다. 한동안 아이들이 신나게 말하도록 여유를 가지고 들어주다 보면 아이들은 글쓰기에 대한 저항감을 대부분 잊어버리고 맙니다. 글 쓸 준비를 마쳤다고 생각되면 즐거웠던 것을 떠올리면서 10분 동안 멈추지 않고 글 달리기를 시작합니다.

단어에도 에너지가 깃들어 있어서 즐거운 감정에 관해 글쓰기를 하면 교실의 분위기도 들썩거립니다. 하지만 반대로 슬픈 감정에 관해 쓸 때는 분위기가 살짝 가라앉기도 합니다. 그래서 감정 패턴 글쓰기를 할 때에는 밝고 긍정적인 단어를 먼저 제시하는 것이 좋습니다.

감정 패턴 글쓰기를 할 때는 아이들이 자신의 내면에 있는 여러 종류의 감정을 알아가는 것이 중요합니다. 아이들은 즐거움에 관한 것을 적으면서 자신의 감정을 더 구체적으로 알아갑니다. 슬픔도 마찬가지입니다. 집에서 키우던 반려견을 떠나보냈을 때 느꼈던 슬픈 감정이 무엇인지 더 잘 알게 됩니다.

아이들이 글쓰기에 푹 빠져서 글을 쓰는 모습을 보면 정말 세상에서 가장 친한 친구와 대화하는 모습처럼 보입니다. 다른 누구도 아닌 자신과 만나는 시간이기 때문입니다.

제목: 엄마의 숙제 잔소리

엄마는 왜 맨날 잔소리할까? 나도 모른다.

엄마의 잔소리는 매일 반복적이라 패턴을 읽기 쉽다.

학교를 갔다 오면 숙제를 하라고 하신다.

매일 "숙제했니?" 하고 말하는 엄마의 잔소리가 싫다며 귀찮은 감정을 쓴 아이의 글 중 일부입니다. 뻔한 이야기 같지만 아이는 제법 고민이 되었던 모양입니다. 밖에 나가 놀고도 싶고, 게임도 하고 싶은데 숙제를 하려니 귀찮았을 겁니다. 하지만 엄마의 마음이 어떤지 아이는 좀처럼 알 수 없습니다. 부모도 분명 어릴 때 아이와 같은 감정을 느꼈을 겁니다. 아이의 글은 여기서 끝나지 않았습니다.

엄마가 말하기 전에 다른 이야기를 해서 숙제했는지 확인하는 걸 까먹게 해 잔소리를 피할 수 있다.

아이는 자기 나름대로 엄마의 잔소리를 피할 수 있는 꾀를 생각해냈습니다. 하지만 결국 엄마의 잔소리는 피할 수 없다고 글을 마무리합니다.

엄마의 잔소리를 피하려면 솔직히 엄마가 오기 전에 다 해놓는 것이 가장 좋은 방법이긴 하다.

아이들의 내면에는 수많은 감정 덩어리가 들어 있습니다. 감정 패턴 글쓰기를 하면 자기 내면에 있는 감정을 더 잘 알게 되고 잘 표현할 수 있게 됩니다. '기쁘다', '슬프다', '귀찮다' 정도로 그치지 않고 어떻게 기뻤고 어떻게 슬펐는지에 대한 글쓰기를 통해 자신의 감정을 양파 껍질 벗기듯 알아갈 수 있습니다. 감정을 살펴 글감을 만들면 밤하늘에 수많은 별만큼 쓸 것이 많아집니다.

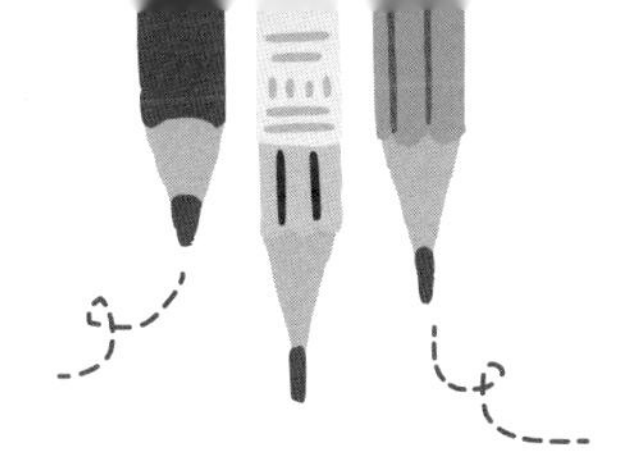

자기 감정을 아는 아이가 공감력도 높다

따뜻함이 한 걸음만 더 다가오면 웅크리고 있던 마음도 추위를 떨쳐낼 수 있을 것 같던 어느 날이었습니다. 맑은 하늘에서 햇살은 쏟아졌지만 바람이 세차게 불었습니다.

"툭툭 투두둑."

목련꽃이 아파트 보도블록에 떨어지는 소리가 들렸습니다. 그 소리가 얼마나 크게 들리던지 바닥에 떨어질 때마다 천둥이 치는 것 같았습니다. 법정 스님은 삶의 마지막 날을 미련 없이 떨어지는 목련꽃처럼 맞이하고 싶다고 말했습니다. 생을 마감하는 소리가 들릴 때마다 내 마음도 덜컥 내려앉았습니다. 삶이란 무겁기도 하고, 한편으론 너무 가볍다는 묘한 감정이 들었습니다. 목련꽃이 떨어질 때 제가 느낀 감정을 아이들은 이해하기 어려울 것입니다. 하지만 아이들도 주위에 피어 있는 꽃에 감정 이입을 해 글쓰기를 할 수 있습니다.

꽃에 감정 이입 해보기

감정 이입은 사전적 정의로 '자연의 풍경이나 예술 작품 따위에 자신의 감정이나 정신을 불어넣거나, 대상으로부터 느낌을 직접 받아들여 대상과 자기가 서로 통한다고 느끼는 일'이라고 합니다. 1858년 독일의 헤르만 로체H. T. Lotze가 처음으로 감정 이입이라는 단어를 사용했다고 알려져 있습니다. 꽤 오래전 일입니다. 하지만 가만히 생각해보면 감정 이입이란 용어를 사용한 것이 그때부터일 뿐, 인간이 상대방과 소통하며 지낸 것은 더 오래된 일입니다.

제 나름대로 쉽게 말하자면 사람이든 자연이든 대상을 자신처럼 느끼며 이해하는 능력이 곧 감정 이입이라고 생각합니다. 아이들에게 설명할 때는 더 쉽게 "친구의 기분이 어떨까?"라고 물어보며 자신의 생각과 감정을 이해하는 과정이 감정 이입이라고 할 수 있습니다.

예를 들어 장미꽃을 보고 자신이 장미가 되었다고 생각하고 장미의 기분을 느껴보는 것입니다. 담벼락에 장미꽃 한 송이가 피어 있다고 상상해보겠습니다. 아이들에게 상상을 하면서 글을 써보라고 하면 "장미꽃이 예쁘다." 정도로 표현합니다. 하지만 자신이 장미꽃이 되었다고 생각하고서 감정 이입을 해 글을 써보라고 하면 다른 표현이 나오기 시작합니다. 아이들이 글로 쓴 대상에 감정 이입을 해보면 아이들이 느낀 감정을 들여다볼 수 있습니다.

장미꽃이 활짝 폈다.
환하게 웃고 있다.
지금 장미가 기분이 좋은가 보다.
나도 장미꽃처럼 환하게 웃고 싶다.

감정 패턴을 활용하면 자신의 감정을 알아갈 뿐만 아니라 상대방의 처지에서도 생각하고 느낄 수 있습니다. 길을 걷다 마주친 꽃에 감정 이입을 하고서 글쓰기를 하면 내용도 풍부해지고 쓰고 싶은 것이 많아집니다. "장미꽃이 예쁘다."라는 표현을 아이들이 꽃에 감정 이입을 한 글로 바꾸면 "장미꽃이 기분이 좋아 웃고 있다."라고 적을 수 있습니다.

감정 패턴 글쓰기를 통해 상대방의 감정이 어떤지도 느껴볼 수 있습니다. 자신이 바라보는 대상을 소중하게 생각하고 생명을 존중하는 마음도 자라납니다. 그뿐만이 아닙니다. 무의식적으로 사용한 욕이나 비속어를 줄이는 효과도 있습니다. 장미꽃뿐만 아니라 생명체에게 감정을 이입해본다는 것은 대상을 자신처럼 생각해보는 경험을 제공합니다. 그만큼 상대나 자신을 존중하는 마음도 자라납니다. 자신에게 심한 욕을 일부러 하려는 아이는 없겠죠.

아동문학가 이오덕이 초중고등학생들이 쓴 시를 모아놓은 책 『나도 쓸모 있을걸』(창비, 2001)에 초등 6학년인 김영숙 학생의 「돌담」이란 시가 있습니다.

돌담은 뱀의 엄마도 된다. / 돌담은 다람쥐의 엄마도 된다. / 돌담은 쥐의 엄마도 된다. / 사람이 잡으려고 하면 / 돌담인 엄마 품으로 쏙 들어가 버린다.

감정 이입을 한다고 해도 아이들이 처음부터 「돌담」 같은 시를 쓰기는 어렵습니다. 돌담을 의인화해서 엄마의 품으로 표현하는 것은 누구나 할 수 있는 것이 아닙니다. 하지만 감정 이입을 통해 아이 자신만이 느낀 것을 적기 시작하면 많은 변화가 생깁니다. 아이들이 글쓰기를 통해 장미꽃과 이야기하는 시간을 만들 수 있다면 얼마나 좋을지 생각해 보게 됩니다.

내 글이 곧 나라는 생각 갖기

한 아이가 친구의 생일에 친구들끼리 노래방에 가서 놀다 왔다는 것을 옆에서 듣고 이런 글을 썼습니다.

나만 빼놓고 아이들끼리 노래방 갔다 왔다고 말해서 화가 났다.

친구들은 처음에는 같이 놀기로 했다가 사정이 생겨 함께 가지 못했던 것이라고 합니다. 그런데도 친구들이 노래를 부르고 놀았다는 것을 듣고는 자꾸 서운한 마음이 들었던 겁니다. 심지어 뒤에 가서는 '왕 재수 없는 ○○'라는 비속어도 썼습니다.

초등 글쓰기를 시작하기 전에 무엇을 쓰건 괜찮고, 쓰고 싶지 않으면 그림을 그려도 좋다고 알려줍니다. 하지만 단 한 가지 쓸 수 없는 것이 있습니다. 바로 '욕'입니다. 다섯 가지 패턴 글쓰기를 할 때 10분 동안 생각나는 걸 멈추지 말고 계속 써보라고 하면 욕을 쓴 아이들이 간혹 있습니다. 그럴 때에는 다른 표현으로 쓰도록 이끌어줘야 합니다. 하지만 제가 직접 나서서 욕을 지우거나 하지는 않습니다. 아이가 스스로 지우거나, 또 다른 표현이 있을지 의견을 묻는 쪽으로 알려줍니다.

가끔 글을 멈추지 않고 떠오르는 생각을 적다 보니 '젠장', '나쁜 ×' 정도가 아니라 '미친×'라고 적는 아이들도 있습니다. 분명 아이들끼리 카톡이나 게임을 하면서 나누는 글 중에도 있을 겁니다. 욕은 입에서 내뱉을 당시에는 통쾌한 느낌을 주지만, 상대방의 감정을 힘들게 하고, 결국 자신에게 돌아오고 맙니다. 하지만 아이들은 그런 생리를 의식하지 못하고 글로 쓰거나 입으로 말하는 경우가 많습니다.

감정 패턴 글쓰기를 하다 자신도 모르게 욕을 쓰고 있는 모습을 발견하면 어떤 표현으로 고칠지 생각하게 알려주는 것이 중요합니다. 그리고 연필로 두 줄을 쓱쓱 그어 지우고는 다른 표현으로 계속 적어나가게 해야 합니다. 글쓰기는 말과 달라서 눈으로 볼 수 있는 특징이 있습니다. 즉 아이들이 자신의 글을 보며 자기도 모르게 욕한 것을 알게 되고, 그것이 상대방의 감정을 힘들게 한다는 것도 깨닫는 계기를 만들어줘야 합니다. 특히 아이들은 대부분 자신이 쓴 글을 발표하다 욕을 한 부분에 이르면 갑자기 멈춰버립니다. 글로 쓸 때는 몰랐어도 많은 사람 앞에서 발표를 할 때는 또 다른 느낌으로 다가오기 때문이죠. 그래서 대부분 욕을 쓴 부분을 건너뛰고 읽습니다.

내 글이 곧 나라는 생각을 갖고 글을 쓰는 아이는 자신의 글에 드러난 감정을 바로 보게 됩니다. 자기 감정을 제대로 쓰고 읽을 줄 알면 상대방의 감정도 이해하는 공감력이 생기기 마련이고요. 그러므로 아이가 감정 패턴을 활용해 상대방을 공감하고 배려하는 힘을 키울 수 있도록 지도해주세요.

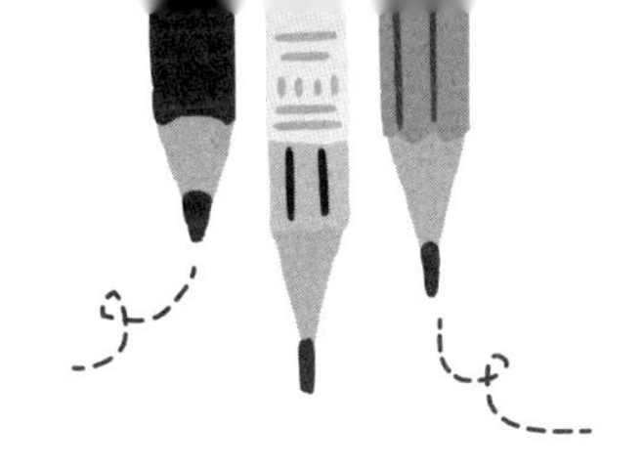

감정 패턴 글쓰기 심화 과정

감정 패턴 글쓰기도 감정을 표현할 수 있는 단어 하나를 골라 10분 동안 멈춤 없이 글쓰기를 실시합니다. "오늘 기분이 어떤가요?"라고 물으면 아이들의 대답은 크게 셋으로 나뉩니다.

"좋아요."

"별로예요."

"모르겠어요."

감정 패턴 글쓰기를 활용하게 되면 이렇게 짧은 답변들을 조금씩 더 들여다보게 해줍니다.

좋다고 대답한 아이들에게 무슨 일 때문에 기분이 좋았는지 물어보면 아이들은 참새가 재잘거리듯 이야기를 풀어놓기 시작합니다. 별로

라거나 모르겠다고 답한 친구들에게도 어떤 기분이었는지를 물어보며 생각을 유도합니다.

자신의 기분에 어울리는 감정 단어 찾기

아이들이 반드시 감정과 연결되는 글을 쓰지 않아도 괜찮습니다. 좋든 싫든 그것을 계기로 글쓰기를 시작하는 것이 중요합니다. 다섯 가지 패턴 글쓰기는 패턴마다 특징이 다르지만, 쉽고 즐겁게 아이들의 글머리가 열리는 것을 돕는 게 최우선 목표입니다. 자전거를 처음 배우는 아이의 뒤에서 넘어지지 않도록 붙잡아주는 부모의 역할 같은 것입니다.

처음에 자전거를 배우는 아이는 뒤에서 부모님이 자전거를 잡아주고 있어도 "손 놓으면 안 돼요!"라고 외치며 페달을 돌립니다. 그렇습니다. 아이가 스스로 글쓰기를 할 수 있도록 자전거가 넘어지지 않게 뒤에서 살짝 잡아주는 역할이면 충분합니다. 부모가 미간을 찡그리면서 아이에게 글을 쓰라고 강요할 필요가 없습니다. 감정 패턴 글쓰기를 한다면 감정과 관련된 단어만 찾아 아이가 자유롭게 느낀 것을 표현하도록 도와주면 됩니다.

기쁨의 감정은 여러 가지로 표현할 수 있습니다. 예를 들면 '신나요', '재미있어요', '기뻐요', '즐거워요', '감동이에요', '편안해요', '기대돼요' 같은 단어들입니다. 오늘 기분이 어떤지 물어보면 좋다고 대답한 아이들이 있죠. 기분이 좋은 이유는 각자 모두 다를 것입니다. 아이들이 그런 기쁨의 감정을 자유롭게 표현할 수 있도록 부모님이 질문을 던져주면 좋습니다.

또 기분이 좋지 않은 감정도 여러 가지로 표현할 수 있습니다. '슬퍼요', '서운해요', '우울해요', '힘들어요', '심심해요', '지루해요'와 같은 단어들입니다. 아이들이 언제 이러한 감정을 느낄 수 있을지 떠올려보고 그때그때 상황에 맞춰 질문을 해보면 아이들이 자신의 감정을 돌아보는 계기가 될 것입니다.

어떤 질문에도 모르겠다고만 답하는 아이들이 있습니다. 대부분 부모님들은 그런 아이들을 보며 걱정을 하시지만, 아이가 어떤 감정인지 모르겠다고 말해도 괜찮습니다. 감정 패턴 글쓰기를 하면서 조금씩 알아가면 됩니다. 자기도 모르게 화가 나 있다면 그 느낌이 어떤 것인지, 무엇 때문에 화가 나는지를 글을 쓰며 알아갈 수 있습니다. 더구나 화가 났을 때 글쓰기를 통해 알 수 있다면 그것을 가라앉힐 수도 있습니다. 오히려 화가 난 것도 모르고 행동하면 더 크게 노여워하거나 불만을 키울 수 있습니다.

감정을 표현한 한 단어를 골라 다 같이 써보는 것도 좋은 시작입니다. 예를 들어 '기쁘다', '슬프다', '재밌다' 등의 다양한 감정 표현 단어 중 하나를 골라 글을 쓰면서 서로 무엇 때문에 그 감정을 느꼈는지 들어보는 것도 흥미로운 방법입니다. 또 각자의 감정을 표현하는 단어를 자유롭게 골라 써보는 방법도 있습니다.

두 가지 방법 중 어떤 것을 선택해서 시작해도 상관없습니다. 기쁜 감정으로 시작한다고 해서 기쁜 감정만 골라 쓰는 게 아니기 때문에 다양한 단어를 선택해 써보는 것이 도움이 됩니다. 사람은 누구나 하루에도 여러 감정을 복합적으로 경험합니다. 기분이 좋았다가도 누군가 싫은 소리를 하면 나빠지기도 합니다. 갑자기 짜증이 나기도 하고, 활달해지기도 합니다. 글쓰기를 통해 자신의 감정을 만나고 알아가는 게 중요합니다.

자신의 감정에 솔직해지기

다섯 가지 패턴 글쓰기를 하고 나면 항상 아이가 쓴 글을 소리 내어 읽어보게 합니다. 하지만 강요하지는 않습니다. 읽기 싫다는 아이가 있으면 존중해줍니다. 아직 다른 사람 앞에서 읽을 용기가 나지 않거나, 그날 쓴 글 내용을 알리기 싫을 수도 있습니다. 발표하는 것도 아이의 선택에 맡깁니다. 하지만 몇 번 글쓰기 수업에 참여하다 보면 발표하기를 힘들어하던 아이도 먼저 발표하겠다고 나서는 경우가 많습니다.

글을 쓰는 행위는 자기 자신 안에 있는 것들을 꺼내는 것이지만 거기에는 다른 사람이 자신을 들여다본다는 전제가 깔려 있기도 합니다. 따라서 아이들이 자기 감정을 들여다보며 쓴 글을 소리 내어 발표하면 글쓰기에 자신감도 생기고, 친구들과 서로의 감정을 나누는 효과도 생깁니다. 특히 가족이 함께 감정 패턴 글쓰기를 하면 아이와 속마음도 나눌 수 있는 시간이 됩니다.

그만큼 감정 패턴 글쓰기는 다른 패턴들보다 훨씬 더 자신을 섬세하게 알아갈 수 있는 방법입니다. 아이들은 자신의 감정이 묻어난 글쓰기를 통해 자신이 느끼는 것을 더 풍부하게 표현할 수 있습니다. 그만큼 상대방이나 사물에 대한 감정을 읽어내고 공감하는 능력도 향상됩니다.

언젠가 딸과 함께 드라마를 보다가 슬픈 장면에서 눈물을 흘린 적이 있습니다. 그때 딸이 제게 물었습니다.

"아빠는 드라마를 보다 왜 울어?"

"저 사람 마음이 슬프고 너무 지쳐 보여서."

"어른인데 울지 마. 나도 안 우는데."

고등학교에 올라간 딸을 보며 한마디 했습니다.

"너도 아이들처럼 감정 패턴 글쓰기를 해봐야겠다."

어쩌면 제 딸도 저처럼 드라마 속 슬픈 장면에 공감하지만, 자신의 감정이 무엇인지 모르는 것일 수도 있습니다. 아니면 정말 슬픈 감정에 무딘 아이일 수도 있습니다. 무엇이 옳고 그르다고 말할 순 없지만 감정 패턴 글쓰기에 익숙해지고 나면 자신의 감정이 무엇인지 더 잘 들여다볼 수 있을 겁니다.

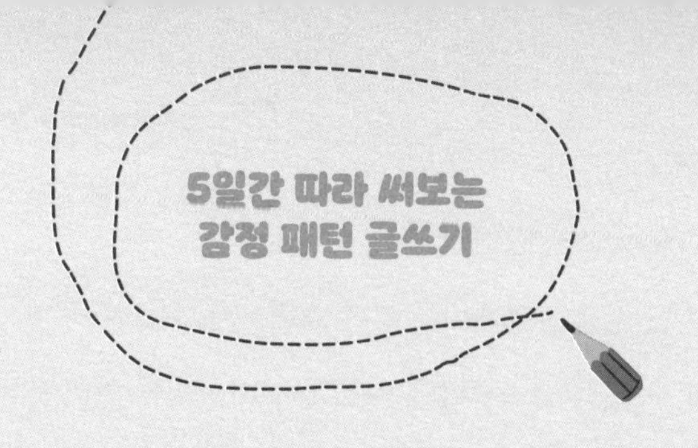

월요일 : 나는 오늘 어떤 기분이었는지 글을 써보세요.

오늘 자신의 기분이 어땠는지 써봅시다. 아침에 일어나 잠들기 전까지 하루 동안 일어난 감정을 써보는 겁니다. 선생님에게 칭찬을 받을 때 기쁘기도 했고, 배가 고파서 짜증이 났을 수도 있습니다. 하루 동안 가만히 들여다보지 않으면 발견하기 힘든 감정을 적어봅니다.

다양한 감정을 어떤 글로 표현할지 고민하기보다 일단 쓰면서 생각해보는 것이 좋습니다. 기분이 좋았던 순간이 있었다면 단순히 기분이 좋았다고 써도 되고, 왜 기분이 좋았는지 당시의 상황과 함께 풀어 써도 됩니다. 예를 들어 평소 갖고 싶었던 스마트폰을 엄마가 사준다고 해서 "엄마가 최고!"라고 말할 때 하늘을 날아오르는 기분이었다는 식으로 기쁜 감정을 표현해도 좋습니다. 감정 패턴 글쓰기를 할 때 꼭 감정과 관련된 내용을 모두 쓸 필요는 없습니다. 다섯 가지 패턴 글쓰기는 모두 글머리를 열어주는 역할이면 충분합니다. 그러니 감정에 관한 글로 시작하다 다른 이야기를 적어도 됩니다. 다만, 멈추지 말고 10분 글쓰기를 해보도록 노력합니다.

화요일 : 기뻤던 일에 대해 글로 써보세요.

자신이 갖고 싶은 선물을 받으면 기분이 좋겠죠. 행복하기도 할 겁니다. 하늘을 날아오를 것 같은 기분도 느낄 겁니다. 이런 경험이나 상상을 떠올리며 글을 써봅시다. 언제 기쁘고 행복한 감정이 들었는지 떠올려봐도 좋습니다.

수요일 : **화가 나거나 짜증났던 일에 대해 글을 써보세요.**

친구와 다퉈 화가 났을 때 어떤 감정이었는지 써도 좋고, 어떤 일을 하지 못해 짜증 났을 때의 감정을 적어도 좋습니다.

목요일 : **부끄러웠던 일에 대해 글을 써보세요.**

여러 사람 앞에서 노래를 부르는 것이 부끄러웠던 적이 있었나요? 자신의 천성은 바꾸기도 어렵고, 바꿀 필요도 없습니다. 부끄러움을 유독 많이 타는 아이라면 아이가 사람들 앞에서 느낀 감정을 나름대로 적어보며 글쓰기를 할 수 있도록 알려주세요.

금요일 : **내 안에 어떤 감정이 있는지 글로 써보세요.**

감정을 표현하는 단어는 수없이 많습니다. 『아홉 살 마음 사전』(박성우 글, 김효은 그림, 창비, 2017)에는 감정에 관한 단어가 잘 소개돼 있습니다. '감격스럽다', '걱정스럽다', '고맙다', '괜찮다', '괴롭다', '궁금하다', '귀엽다', '밉다', '부끄럽다', '쓸쓸하다', '억울하다', '짜증스럽다', '초조하다', '화난다', '후련하다'처럼 감정을 표현할 수 있는 단어들이 넘쳐납니다. 그중 하나를 골라 글감으로 써도 감정 패턴 글쓰기 연습으로 훌륭합니다.

♥ 선생님의 글쓰기 지도 Tip! ♥

감정 패턴 글쓰기는 아이가 내면에서 느끼는 감정을 글감으로 삼아 자신을 알아가는 시간입니다. 자신의 감정을 들여다보며 기쁨은 무엇인지, 자신이 아쉽게 생각하는 것은 또 무엇인지 알게 됩니다. 단순히 기쁘다고 표현하던 감정을 글쓰기를 통해 다양하게 표현할 수 있습니다. 또한, 오늘의 기쁜 감정이 다른 날에는 다르게 느껴지기도 합니다. 따라서 아이들은 글쓰기를 통해 자신의 감정을 알게 되고, 다른 사람에 대해서도 공감하는 계기를 마련할 수 있습니다.

스스로 자신의 기분을 표현하는 단어를 모아보는 것도 좋은 방법입니다. 꼭 '즐겁다'나 '기쁘다' 같은 긍정적인 단어에서 글감을 찾을 필요는 없습니다. 아이가 나쁜 기분을 '꿀꿀해'라고 표현하고 싶다면 자신만의 감정 사전을 만들어보는 것도 재미있는 작업이 될 것입니다.

엄마나 아빠도 감정 패턴 글쓰기를 함께하면서 기분이 어땠는지 물어보고 글을 써보면 좋습니다. 아이들이 어떤 감정을 느꼈는지 들어볼 수 있고, 그날 아이에게 무슨 일이 있었는지 알 수도 있습니다. 다양한 감정의 덩어리가 있다는 것을 글쓰기를 통해 조금씩 알아가는 만큼 마음을 잘 사용할 수 있는 아이로 성장할 것입니다.

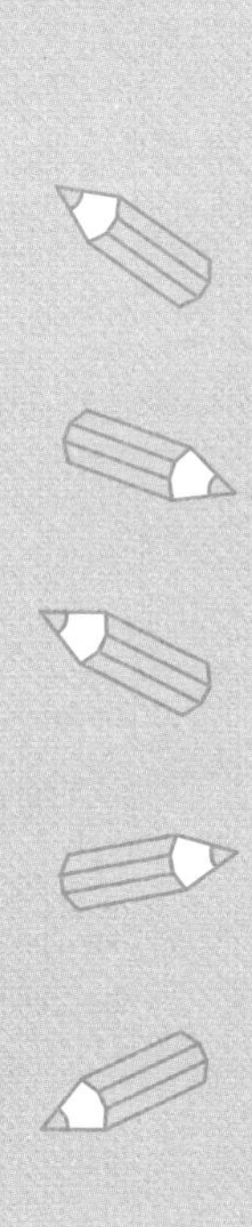

한 가지 소재를 다양하게 확장하는 주제 패턴 글쓰기

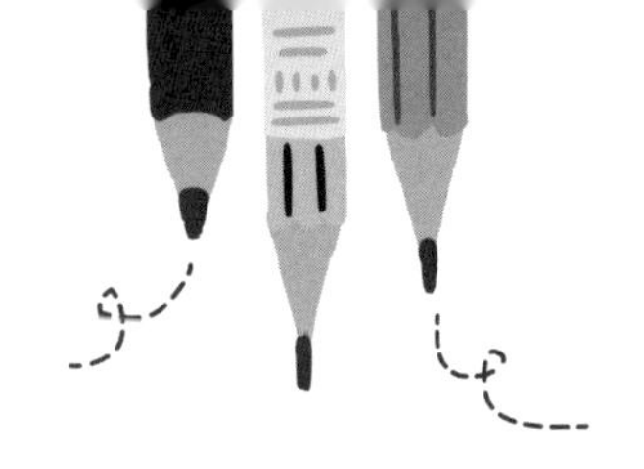

글을 쓰는 아이는 모두 작가다

"반에 작가가 꿈인 아이들이 있는데, 선생님의 글쓰기 수업을 엄청 기대하고 있어요."

초등학교 글쓰기 수업 때 담임 선생님께서 하신 말을 듣고는 정신이 번쩍 들었습니다. 저는 아이들을 가르치는 선생님도 아닙니다. 그렇다고 글쓰기를 전문적으로 가르치는 사람도 아닙니다. 그저 몇 권의 책을 쓴 계기로 글쓰기 수업을 하게 됐을 뿐입니다. 그런 저에게 선생님들이 들려준 말은 엄청난 부담감으로 다가왔습니다. 그저 아이들이 글쓰기를 즐겁고 쉽게 시작할 수 있도록 도와주고 싶어 글쓰기에 도움이 되는 몇 가지 패턴을 만들어 알려주고 있는 것이 전부입니다. 수업을 마치고 집에 돌아오면서도 작가를 꿈꾸는 아이들에게 도움이 될 방법이 무엇일지 계속 머릿속에서 맴돌았습니다.

'단편적인 글쓰기뿐만 아니라 아이들의 수준에 맞게 책쓰기를 연결시켜주는 방법이 없을까?'

'하나의 주제로 여러 편의 글을 쓰게 한다면 최고의 글쓰기 방법이 되어줄 텐데.'

꼬리에 꼬리를 무는 질문에 번뜩 떠오르는 게 있었습니다.

"그렇지! 출간을 돕기 위해 성인들에게 가르치는 책쓰기를 응용하면 되겠구나."

곧바로 하나의 주제를 가지고 여러 편의 글을 쓸 수 있는 패턴을 만들면 책을 쓰는 효과도 기대할 수 있겠다는 생각에 이르렀습니다. 출간을 위한 책쓰기 수업에서 '출간'이라는 목표만 빼면 아이들도 충분히 여러 편의 글을 쓸 수 있습니다.

제목 : 다만이와의 일상
오늘 아침 다만이가 나를 깨울 때
나한테 장난치면서 깨울 때가 너무 좋다.
다만이는 매우 따뜻하고 보들보들하다.
다만이가 장난칠 때, 다만이 이빨이 만져진다.
물면서 장난치면 아프지만, 물때가 잠이 딱 깨져서 좋다.(중략)
엄마보다 다만이가 날 더 잘 깨우는 것 같다.

다만이는 고양이입니다. 행복이란 글감으로 아이가 쓴 글 중 일부입니다. 글에서 아침 풍경이 눈앞에 그려집니다. 학교는 가야 하는데 눈이 떠지지 않는 아이의 모습도 그려집니다. 학교에 늦는다고 빨리 일어나라는 엄마의 잔소리도 자장가처럼 들립니다. 그때 고양이가 다가옵니다. 아이가 쓴 문장 중에 "다만이는 매우 따뜻하고 보들보들하다."라는 표현이 있습니다. 고양이의 보드라운 털이 얼굴에 닿았고 졸린 눈을 뜨지 못하면서도 고양이를 만지는 아이가 보입니다. 아이가 손가락으로 고양이의 입을 만질 때 고양이가 살짝 물었습니다. 그 순간 눈을 번쩍 뜹니다. 엄마보다 잠을 잘 깨워주는 고양이 알람시계라고 해야겠습니다. 이른 아침 풍경과 행복이 느껴지는 글입니다.

아이의 일상 속 관심사가 곧 주제

아이가 쓴 한 편의 글을 여러 편으로 나눠서 쓰려면 꼭 필요한 것이 있습니다. 바로 '주제'입니다. 주제만 만들어지면 고양이와 지내는 생활에 대한 다양한 글을 쓸 수 있습니다. 이것이 주제 패턴 글쓰기입니다. 질문 패턴을 활용하면 질문을 만들어야 글을 쓸 수 있는 것처럼 주제 패턴을 활용할 때에는 주제를 만들어야 합니다. 아이가 쓴 글로 주제를 만들어보겠습니다.

먼저 아이에게 들어보니 다만이는 길고양이였는데 6개월 정도 된 새끼 때부터 함께 살기 시작했다고 합니다. 아이에게 고양이가 어떻게 지내는지 물어보니 낮에는 밖에 나가 노는 걸 좋아한다고 합니다. 글쓰기 수업이 끝나고 나서는 고양이를 직접 보여주면서 함께 지낸 일상을 이야기합니다. 아이가 쓴 글과 이야기를 들어보며 주제를 뽑았습니다.

"다만이와 함께 하는 일상"

아이가 들려준 말에 주제가 들어 있었습니다. 다만이와 장난치며 즐거워했던 기억도 좋습니다. 다만이가 좋아하는 음식이나 먹는 버릇에 대해 글을 써도 좋습니다. 처음 집에 데려올 당시의 일화를 써도 좋습니다. 어떤 것이든 고양이와 지낸 일상과 추억을 글로 적으면 됩니다.

고양이가 아침 잠을 깨운다는 내용의 글에도 제목을 달아볼 수 있습니다. 다만이가 아침에 깨워줬다고 하니 '나만의 알람시계 다만이'라고 하면 어떨까요? 아니면 '아침잠을 잘 깨워주는 다만이'라고 제목을 만들어도 재미있을 것 같습니다. 여기서 만든 제목은 책의 소제목과 같습니다. 책과 비교해서 정리하면 책을 관통하는 핵심 주제는 고양이 '다만이'이고 책의 소제목은 '나만의 알람시계 다만이'가 될 수 있습니다.

이제 '다만이와의 일상'이라는 주제와 관련된 제목만 여러 개를 만들면 여러 편의 글을 쓸 수 있습니다. 또 어떤 제목이 있을까요? 아이에게 "다만이란 고양이에 대해 더 이야기해줄 수 있겠니?"라고 물어봤을 때 돌아오는 대답이 곧 제목이 됩니다. "처음 6개월 때는 조그마했는데 지금은 많이 컸어요."라고 말했다면 '다만이의 키와 몸무게는 얼마일까'라는 제목으로 글쓰기를 할 수도 있습니다. 실제로 저울에서 몸무게를 재볼 수도 있고, 두 손으로 들어보고 느낀 것을 쓸 수도 있습니다.

앞서 글쓰기의 적은 거창함이라고 말했습니다. 거창하지 않게 소소하게 생각할수록 다만이라는 고양이에 관한 쓸 글감은 점점 많아집니다. 이렇게 주제 패턴을 활용하면 아이만의 유일한 창의적 글쓰기를 할 수 있습니다. 그러면 주입식 교육의 글쓰기를 벗어나 아이 스스로 작가가 되어 창작 글쓰기를 할 수 있습니다.

주제 패턴 글쓰기를 하면 무엇보다 지속적인 글쓰기를 할 수 있다는 장점이 있습니다. 그래서 보통 세 편 이상의 글쓰기를 권합니다. 그래야 확실히 주제 패턴 글쓰기에 효과가 있습니다. 세 편 이상의 글을 써본 아이들은 다른 주제를 주어도 글쓰기를 쉽게 시작합니다.

초등 글쓰기 수업에서는 평소에 쓰는 것이 진짜 글쓰기라는 말을 자주합니다. 아이들과 글쓰기 수업을 해야겠다는 생각을 하게 된 것도 평소 글쓰기 습관을 만들어줘서 아이 스스로 자신이 쓴 글을 통해 성장하기를 바랐기 때문입니다. 아이들의 글쓰기에서 가장 고민한 것도 지속성이었습니다. 한두 번 끄적거리다 그만두는 것을 더 이상 방치하지 않는 패턴을 만들고 싶었습니다. 그 결과로 만든 것이 주제 패턴 글쓰기입니다. 다만, 주제 패턴을 활용할 때는 엄마나 아빠가 옆에서 관심을 가지고 응원해줘야 아이가 여러 편의 글을 보다 쉽게 쓸 수 있습니다.

기획에 따라 달라지는 글의 재미

주제 패턴 글쓰기의 첫 번째 장점은 주제의 대상에 대해 자세히 알게 된다는 것입니다. 자신이 키우는 고양이에 관한 글을 다양한 관점에서 써보면 고양이에 대해 더 자세히 알 수 있게 됩니다. 고양이의 특징뿐만 아니라 추억도 꺼내볼 수 있습니다.

두 번째 장점은 주제와 관련된 글을 세 편 이상 써보는 과정에서 지속적 글쓰기 연습이 된다는 것입니다. 만약 다섯 편의 글을 쓴다면 한 번의 글쓰기 수업으로 다섯 배의 효과를 얻을 수 있습니다.

세 번째 장점은 주제를 떠올리는 것 자체만으로 기획력을 키울 수 있다는 것입니다. 처음에는 조금 도와줘야 하지만 주제 패턴 글쓰기를 하면 자신이 관심을 가진 것에 관해 여러 편의 글을 쓰기 위해 스스로 내용을 나누는 훈련이 됩니다. 따라서 기획을 하는 습관을 기르게 됩니다.

성인을 위한 책쓰기 수업에서 기획에 관한 이야기로 재미난 사례를 들곤 합니다. 어린이집 재롱잔치를 할 때도 기획이 필요하다는 것이죠. 우선 첫 번째 기획으로 발표의 순서를 네 살 반, 다섯 살 반, 여섯 살 반, 일곱 살 반 등 나이 순서대로 발표를 하는 것입니다. 두 번째 기획으로 나이 순서를 뒤섞어서 발표하는 것입니다. 예를 들어 처음에는 일곱 살 반이 나가고 그다음에는 가장 어린 네 살 반이 나가게 합니다. 첫 번째 기획과 두 번째 기획 중에서 부모의 반응을 더 끌어낼 수 있는 것은 어떤 것일까요? 바로 두 번째 기획입니다. 일곱 살 반의 율동에 감탄한 부모가 다음 순서인 네 살 반의 천진난만한 모습을 보면 대조적인 모습에 훨씬 더 다채로운 구성으로 보이기 때문입니다. 갑자기 율동을 하다 울며 엄마를 찾는 네 살 반 아이를 본다면 어떨까요? 일곱 살과 네 살을 뒤섞은 순서로 인해 재롱잔치는 더 재미있어집니다. 이렇듯 똑같은 재롱잔치일 것 같지만 기획, 즉 발표 순서를 어떻게 하느냐에 따라서 분위기가 달라질 수 있습니다. 아이들도 주제 패턴을 활용하는 법을 배우게 되면 자신도 모르게 글의 구상 능력이 생길 것입니다.

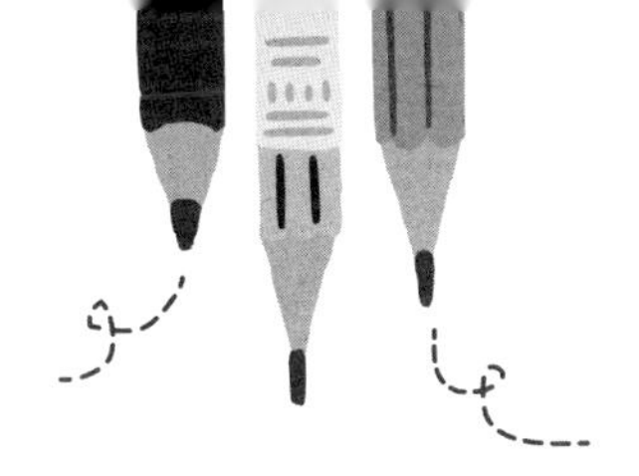

자신의 관심사에 맞춰 주제 선택하기

주제 패턴 글쓰기에서 처음 시작해야 할 일은 자신이 좋아하고 관심 있는 것을 찾아보는 것입니다. 단 처음부터 거창하게 찾으면 어렵습니다. 앞서 '고양이와의 일상'을 주제로 한 글쓰기를 떠올려보시기 바랍니다. 다섯 개 정도의 제목을 만들어 글쓰기를 한다면 좋겠지만, 주제와 관련된 두 편 이상의 글을 쓰는 정도면 됩니다.

아이들이 주제를 잘 떠올리고 글과 연결시킬 수 있는 방법은 무엇일까요? 조선 후기 최고의 학자인 다산 정약용의 책에서 힌트를 찾을 수 있습니다. 정약용은 18년간 유배 생활을 하면서 아들과 둘째 형 그리고 제자들에 편지를 보냈습니다. 그 편지를 엮은 『유배지에서 보낸 편지』(창비, 2009)에 아들에게 보낸 글이 있습니다. 다산은 아들이 닭을 키운다고 밝힌 편지를 받고 답장을 썼습니다. 닭을 키울 때 관련된 책을 읽으며 좋은 방법을 골라 적용해보라는 내용이었습니다.

그런데 흥미로운 부분이 있습니다. 닭을 기르는 과정을 글로 적어보라는 것입니다. 저는 책을 읽다 눈이 번쩍 뜨였습니다. 제가 주제 패턴 글쓰기를 너무 어렵게 생각하고 있었다는 것을 깨달았던 것입니다. 다산의 말처럼 닭을 키우는 과정을 글로 쓰면 그 내용이 많아졌을 때 닭 키우기에 관한 자신만의 책을 만들 수 있습니다. 이를 아이들에게도 적용할 수 있습니다. 주제를 만들고 그것에 관한 글을 몇 편 써서 묶으면 그것도 책이 됩니다. 주제 패턴 글쓰기에서 주제를 만들면 절반 이상의 성공이라 할 수 있습니다. 하지만 대부분 주제를 만드는 것을 어려워하죠. 자신에게 적합한 주제를 찾는 법을 살펴보도록 하겠습니다.

자신의 관심과 고민을 정리하기

주제는 어떻게 만들 수 있을까요? 아주 간단하고 쉽게 주제를 찾는 방법이 있습니다. 바로 아이들이 궁금해하는 것을 들여다보는 것입니다. 아이들이 관심을 가지는 모든 것은 주제가 될 수 있습니다. 예를 들어 어른들이 자주 질문하는 것을 가지고도 주제를 만들 수 있습니다. "네 꿈은 뭐니?", "커서 어떤 일을 하고 싶어?" 하고 물어보면 아이들은 선생님이나 유튜버처럼 저마다 하고 싶은 것을 대답합니다.

아이들에게 왜 선생님이나 유튜버가 되고 싶은지를 구체적으로 물어봤습니다. 막연히 선생님이 되고 싶고, 유명한 유튜버가 되고 싶다는 답변으로 끝나버리지 않게 생각할 거리를 주는 것입니다. 처음에 아이들은 눈을 끔뻑거리며 생각합니다. 그러면서 자신이 어떤 선생님이 되고 싶은 것인지, 왜 선생님을 꿈꾸고 있는지 등에 대한 주제를 만들 수 있습니다. 이렇게 구체적 질문이 주제를 만들어줍니다.

이제 꿈에 관해 떠오르는 것들에 번호를 붙여 적어봅니다.

1. 내 꿈은 무엇일까?
2. 멋진 직업은 어떤 게 있을까?
3. 내가 좋아하는 것은 무엇일까?
4. 꿈을 찾는 방법이 있을까?
5. 꿈을 이루려면 어떻게 해야 할까?

아이들이 꿈에 관해 떠올리는 것을 적게 합니다. 한 문장으로 쓰면 좋지만, 길게 써도 상관없습니다. 나중에 읽어보며 다시 한 문장씩 만들어도 됩니다. 이렇게 꿈과 관련해 떠오르는 것들을 적다 보면 꿈이란 무엇인지, 왜 꿈이 필요한지에 대해 아이들은 스스로 생각하는 시간을 갖습니다.

예를 들어 아이가 막연히 선생님을 근사한 직업으로 생각해 관심이 있는 것이라면 그것에 관해 주제 패턴 글쓰기를 해보는 겁니다. "나는 왜 선생님이 되고 싶을까?"라는 제목을 가지고 글을 써보는 겁니다. 만약 "선생님이 되려면 지금 어떤 것을 해야 할까?"라는 생각이 떠올랐다면 그것에 관해 글을 쓰면 됩니다. 글의 분량은 짧아도 되고 길어도 됩니다. 저는 될 수 있으면 10분 동안 써보길 권합니다. 쓰다 더 쓰고 싶으면 계속 쓰면 되고, 그보다 짧아도 10분은 채우도록 합니다. 주제 패턴 글쓰기는 "네 꿈은 무엇이니?"와 같은 질문에 단답형으로 답하지 않고 스스로 진지하게 생각하게 만듭니다. 자신이 좋아하는 구체적 직업도 생각해보게 도와줍니다.

간혹 아이들이 엄마나 아빠와 함께 글쓰기 수업을 진행할 때 즉흥적으로 주제를 만들어 쓰는 경우가 있습니다. 주제 패턴 글쓰기를 할 때 아이들은 대부분 관심과 고민에서 주제를 찾습니다. 엄마나 아빠는 인생에서 많은 시간을 쏟은 직업에서 주제를 찾는 경우가 많습니다.

이렇게 하나의 주제를 만들고 나면 쓸 것이 너무 많아 즐거운 고민을 할 때도 있습니다. 일기에 적용하면 일주일 내내 쓸거리를 만들어낼 수도 있습니다. 예를 들어 '내가 좋아하는 것들'을 가지고 일기를 쓴다면 글감이 넘쳐납니다.

월요일, 배드민턴을 치는 이야기

화요일, 좋아하는 책 이야기

수요일, 친한 친구 이야기

목요일, 가족과 함께 간 여행 이야기

금요일, 좋아하는 음식 이야기

자신이 좋아하는 것을 떠올리면 일주일 내내 써도 또 쓸거리는 넘쳐납니다. 단, 선생님이 아이가 쓴 글을 보고 어떻게 말씀하실지는 모르겠지만 말입니다. 만약 선생님께서 하나의 주제를 선택한 이유를 물어보시면 주제 패턴 글쓰기에 대해 설명해드리면 어떨까요?

사소한 것부터 시작하기

주제를 만들기 위한 첫 번째 방법은 아이들이 무엇을 좋아하는지 물어보는 것입니다. 아이들은 음식을 말할 때도 있고, 갖고 싶은 것을 말할 때도 있습니다. 다음으로 평소 어디에 관심을 갖고 있는지를 물어보면 됩니다. 호기심이 생기는 것을 떠올리면 다양한 것을 찾아낼 수 있습니다. 세 번째로는 직접적인 질문을 통해 찾는 것입니다. 예를 들어 "학교에 왜 다닐까?", "내가 좋아하는 건 무엇일까?", "내가 관심을 갖는 것은 무엇일까?", "내가 꿈꾸고 싶은 건 무엇일까?"처럼 직접 물어보는 것도 좋은 방법입니다. 마지막으로 요즘 최고의 고민이 무엇인지를 물어보면 좋습니다. 노래를 잘 부르지 못하는 아이라면 노래를 잘 부르고 싶은데 어떻게 해야 하는지와 같은 주제를 정할 수 있습니다.

주제는 사소한 것에서 찾을수록 좋습니다. "내 꿈은 뭘까?"라는 주제를 만들고 싶다면 먼저 번호를 적고 떠오르는 것들을 적어봅니다. 최소 세 가지를 생각해보는 것으로 시작하면 됩니다. 그리고 떠오르는 게 많으면 계속 번호를 붙이며 적으면 됩니다.

1. 선생님

2. 세계여행

3. 유튜버

⋮

아이가 자신의 꿈이 무엇인지 적었다면 이제 쓰고 싶은 것을 골라 글쓰기를 하면 됩니다. 만약 선생님을 선택했다면 그것에 관련된 글을 써보면 됩니다. 세계여행을 택했다면 왜 세계여행을 꿈꾸는지에 관한 글을 쓸 수도 있습니다. 또 어떤 나라, 어떤 지역을 가보고 싶은지도 쓸 수 있습니다. 다섯 가지 주제를 찾았다면 최소 두 편 이상의 글을 써보세요. 글이 점점 쌓일수록 더 많은 글감을 만나게 될 겁니다.

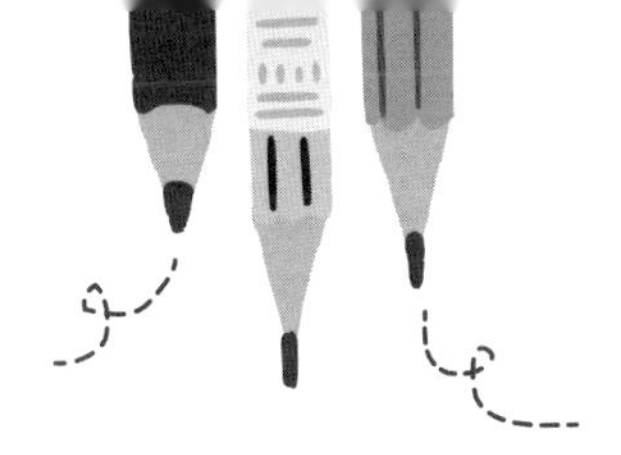

글쓰기의 내비게이션과 같은 제목 짓기

관찰·오감·질문·감정 패턴 글쓰기는 눈에 보이거나, 머릿속에 떠오르는 생각을 바로 적으면 끝입니다. 하지만 주제 패턴 글쓰기는 방법을 조금 달리해야 쉽게 글을 쓸 수 있습니다. 먼저 주제를 만들고 그것을 가지고 제목을 지어보는 것입니다. 그런데 아이들에게 제목을 만들어 보라고 하면 어려워합니다. 당연합니다. 성인도 제목을 만들기 어려워하는데, 아이들에게는 더 생소한 과제일 수밖에 없습니다. 그래서 주제 패턴 글쓰기 수업 때 주로 제목 만드는 연습을 해보게 합니다. 여러 방법 중에서도 특히 쉽고 즐겁게 따라 할 수 있어야 효과가 있습니다.

단정적으로 표현하는 연습

글쓰기 수업을 할 때 "글쓰기란 무엇인가?"라는 질문을 아이들에게 던져봤습니다. 쉽게 대답을 하지 못하는 아이들을 위해 무엇이든 즉시 단정해보는 방법을 추천합니다. "~는 ~이다."라는 식으로 생각을 계속 이어나가는 것입니다.

"글쓰기는 무엇인가요? 각자 떠오르는 생각을 말해보세요."

"글쓰기는 재미없다."

"솔직한 단정이네요."

여기저기서 아이들이 키득거리며 웃었습니다. 조금 더 분위기를 편하게 만들어주니 너도나도 대답을 합니다.

"글쓰기는 트윗이다."

"글쓰기는 글쓰기다."

"글쓰기는 글로 적는 말이다."

"글쓰기는 생각이다."

"글쓰기는 낙서다."

"글쓰기는 내면의 대화다."

즉시 자신의 생각을 단정적으로 대답하니 별생각 없이 말하기도 합니다. 하지만 상관없습니다. 일단 머릿속에서 출력해보는 것이 중요합니다. 그리고 다시 단정적으로 대답해도 되고, 그대로 놔둬도 됩니다. "글쓰기는 글쓰기다."라고 말한 아이는 "글쓰기가 글쓰기 아닌가요? 글을 쓰는 것이니 글쓰기잖아요."라며 대답합니다. 맞고 틀린 것을 가리는 문제가 아니니 상관없습니다. 머릿속에 일단 떠오르는 것을 단정적으로 말해보는 것만으로도 그것에 집중하게 만듭니다. 이렇게 단정적으로 말하기를 몇 번 하다 보면 처음에 말한 것과 전혀 다른 정의를 내리는 경우가 많습니다.

"글쓰기는 글쓰기다."라고 말한 아이가 이것저것 생각나는 대로 이야기하다 "글쓰기는 여행이다."라고도 말했습니다. 글을 쓴다는 것은 생각에 따라 어디든 갈 수 있어서 여행과 닮았다는 말에 놀라기도 했습니다. 그 아이의 생각처럼 "글쓰기는 여행이다."라는 글을 한 편 쓸 수도 있습니다. 이렇듯 주제에 관련된 것을 단정적으로 표현해보면 의외로 좋은 제목을 만들 수 있습니다.

똑같은 주제, 색다른 제목이 주는 즐거움

시험이란 주제에 대해 단정적인 표현을 말해보도록 했습니다. "시험은 무엇일까요?"라고 물었더니 한 아이가 발칙하게 "시험은 잠이 온다."라고 답했습니다. 이렇게 장난스럽게 대답한 것도 괜찮습니다. 또 "시험은 잠이 온다."라는 단정적인 글도 글감으로 쓸 수 있습니다. 또 다른 아이들이 "시험은 노력이다.", "시험은 축구도 못 하게 한다."처럼 머릿속에 떠오르는 것을 말했습니다. 이렇게 글감을 하나의 단정적인 표현으로 만들고 나서 또 다른 것들을 떠올려 말해봐도 좋습니다. 그렇게 해서 "졸린 걸 보니 시험 기간이다.", "다음부터 미리미리 공부해야겠다.", "수업 시간에 선생님 말씀을 열심히 들어야겠다." 등등 많은 이야기들이 만들어졌습니다. 장난치듯 단어를 단정적으로 표현해도 좋습니다. 이 과정을 통해 시험에 관한 여러 글을 적을 수 있습니다.

예를 들어 "시험은 노력이다."라는 문장을 만들었다면 주제는 '시험'으로 정하고 그것에 관해 10분 동안 한 편의 글을 쓰도록 합니다. "시험은 노력이다."라는 제목을 써두고 머릿속에 떠오르는 생각을 적으면 됩니다.

제목을 만들고 글을 쓰면 주제에 관련된 한 부분에 대해 금방 쓸 수 있다는 장점이 있습니다. 위에서 '시험'이라는 주제로 "시험은 노력이다."라는 제목의 글을 한 편 쓴 것처럼요. 만약 아이가 시험에 관련된 다른 글을 쓰고 싶다면 또 다른 제목을 만들어보면 됩니다. "이번 시험에서 백 점 받으면 네가 좋아하는 것 사줄게."라고 말하는 부모님들이 있습니다. 그것과 관련해 제목을 하나 정할 수도 있습니다. "백 점은 휴대전화다."라는 제목으로 글을 한 편 또 쓸 수 있습니다.

정말 아이가 백 점을 받으면 부모님이 약속을 지키실지 의심되기는 해도 글로 적으면서 시험에 관한 아이의 생각은 확장됩니다. 그러다 갑자기 "시험은 나를 귀찮게 한다."는 식의 푸념 섞인 글을 쓸지도 모릅니다.

반드시 제목을 먼저 만들 필요는 없습니다. 주제만 있으면 먼저 글을 쓰고 내용을 만든 다음에 제목을 붙여도 괜찮습니다. 제목을 먼저 만들면 아이의 글쓰기에서 내비게이션 역할을 한다는 장점이 있습니다. 즉 주제나 제목은 쓰고 싶은 내용을 미리 생각해보는 과정을 제공합니다.

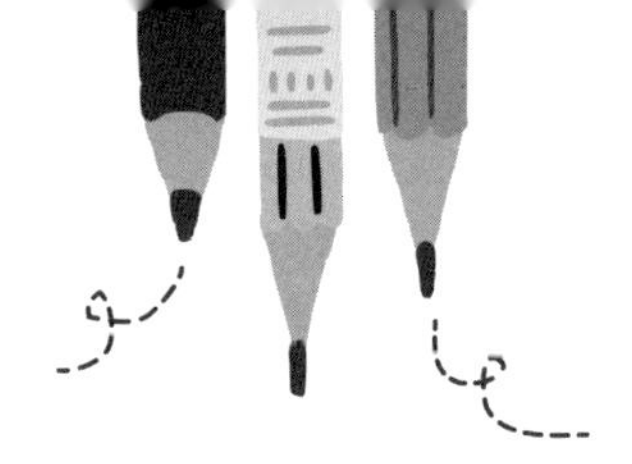

여러 편의 글을 엮어 책으로 만들기

"작가가 되어보는 시간입니다."

주제 패턴 글쓰기를 할 때 아이들에게 자주 하는 말입니다. 그러면 작가라는 말에 아이들은 귀를 쫑긋 세우고 듣습니다.

"주제를 만들어 매일 글을 쓰면 책도 만들 수 있어요."

"정말 책을 만들 수 있나요?"

"일주일 동안 쓴 글을 묶어 책을 만들 수 있죠."

"저도 써보고 싶어요."

책을 만들 수 있다고 하면 글쓰기를 대하는 아이들의 태도가 달라집니다. 작가가 되어 글을 쓴다는 말에 적극적으로 수업에 참여합니다.

자신의 꿈을 이루기 위한 글쓰기

주제 패턴 글쓰기 수업 중 배드민턴 세계챔피언이 되고 싶은 꿈을 가진 아이가 있었습니다.

"저는 배드민턴 세계챔피언이 되고 싶어요."

"멋진 꿈이네! 그럼, 배드민턴 세계챔피언을 주제로 글을 써보면 어떨까?"

"…."

아이에게 여러 질문을 해봅니다.

"배드민턴 세계챔피언이 되려면 지금 할 수 있는 것은 무엇이 있을까?"

"현재 어느 선수가 챔피언을 하고 있을까?"

"왜 배드민턴 세계챔피언이 되고 싶을까?"

떠오르는 대로 물어보고 대답을 해보게 하면 아이는 꿈에 대해 구체적으로 생각하게 됩니다. 배드민턴을 가르쳐주는 코치에게 질문한 걸 글로 쓸 수 있습니다. 세계챔피언이 된 자신의 모습을 상상한 글을 쓸 수도 있습니다. 그러고서 '나는 배드민턴 세계챔피언이다'라는 제목으로 글쓰기를 한다면 신나게 쓸 것입니다.

막연하게 꿈꾸던 것을 글로 써보면 더욱 구체적으로 생각할 수 있습니다. 어떤 꿈이 있는지 물어보면 "배드민턴 선수요."라는 대답보다 더 많은 이야기를 할 수 있습니다. 주제 패턴 글쓰기에는 짧은 대답을 긴 문장으로 풀어내는 효과가 있기 때문입니다. 막연히 "운동선수요.",

"배드민턴 선수요."라는 대답에 비교하면 주제와 제목을 만들어 몇 편의 글로 적는 것은 완전 다른 글쓰기입니다.

글로 집 짓는 사람이 되자

주제 패턴 글쓰기를 놀이처럼 활용하면 아이가 관심 있는 일이나 고민하는 문제에 대한 해결책을 스스로 찾기도 합니다. 책 읽기를 싫어하는 아이가 있었습니다. 딱히 쓰고 싶은 주제가 없다고 해서 장난처럼 '책 읽는 사람이 되자'로 만들었습니다. 그리고 아이에게 '내가 책을 읽기 싫은 몇 가지 이유'라는 제목으로 글을 한 편 써보라고 했습니다. 아이는 '책보다 게임이 더 재미있어서'라는 내용을 적기 시작했습니다.

처음에는 이렇게 장난스럽게 시작해도 됩니다. 제목인 '내가 책을 읽기 싫은 몇 가지 이유'를 가지고 왜 책을 읽기 싫은지를 떠올려봅시다. 게임이 더 재미있고, 유튜브 동영상으로 보는 것이 더 편하다고 말할 수도 있습니다. 하지만 글을 쓰면서 책을 읽는 것이 무엇인지에 대해 생각해보는 계기가 됩니다. 스스로 '책 읽는 사람이 되자'라는 주제와 관련한 제목으로 또 한 편을 쓴다면 아마도 '책을 읽어야겠구나!'라는 생각이 들지 않을까요? 이처럼 주제 패턴 글쓰기를 활용해 놀이처럼 가볍게 시작해도 주제에 관해 다양하고 구체적인 생각을 이끌어낼 수 있습니다. 만약 아이가 자신이 좋아하는 책이 무엇인지 찾아본다면 계속 제목을 만들어 또 글을 쓸 수 있습니다. 또 좋아하는 책을 읽고 감상을 적은 것도 글로 쓸 수 있습니다. 이렇게 하면 계속 제목을 만들면서도 쓸 수 있습니다.

이처럼 주제 패턴 글쓰기는 다른 패턴 글쓰기보다 주제와 제목을 만들어야 하는 번거로움이 있습니다. 하지만 조금만 연습하면 의외로 아이들이 잘 적응하고 또 적극적으로 글쓰기를 실천합니다. 주제 패턴 글쓰기를 자주 해본 아이는 자신이 쓴 다른 패턴 글쓰기의 내용에서도 주제를 찾고, 제목을 만들어 글을 쓰기도 합니다.

주제 패턴 글쓰기를 몇 번 해보고 나서 저도 모르게 목표가 생겼습니다.

"초 · 중 · 고등학생 때도 자신만의 책을 쓸 수 있게 하자."

미완성이어도 좋습니다. 자신이 쓴 글을 묶어서 책을 만들어도 좋습니다. 실력이 되면 출판사를 통해 출간하는 책이어도 좋습니다. 주제 패턴 글쓰기를 통해 어느 정도 연습을 하면 누구나 자신의 책을 쓸 수 있게 해주고 싶습니다. 작가는 한자로 지을 작(作)에 집 가(家)를 씁니다. 글로 집을 짓는 사람이라고 할 수 있습니다. 아이들이 평소 꾸준히 글을 쓸 수 있다면 누구나 초등 작가입니다.

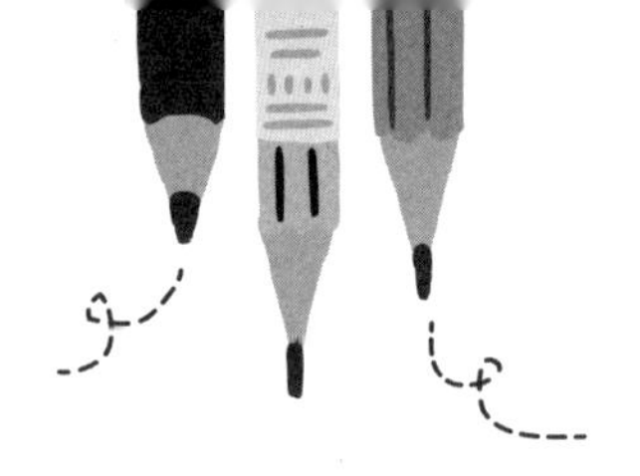

주제 패턴 글쓰기 심화 과정

주제 패턴 글쓰기를 할 때 다섯 가지 주제를 갖고 제목을 만들어 글쓰기를 한다면 한 권의 책을 완성할 가능성이 커집니다. 이러한 글쓰기가 처음이라면 한 가지 주제에 다섯 가지 제목만 만들어보는 것도 좋은 방법입니다. 제목을 요일마다 배치해 글쓰기를 해보는 것입니다.

주제 패턴 글쓰기는 주제 만들기부터 시작됩니다. 아이들이 무엇에 관심을 갖는지, 무엇을 좋아하는지, 무엇이 고민인지를 생각해 시작해 보면 좋습니다.

예를 들어 "내 꿈은 무엇일까?"라는 질문을 하고 거기에 답을 적어 보는 겁니다. 월요일부터 금요일까지 5일간 글을 써보기 위해 번호를 붙어가며 만들어봅시다. 주제 패턴 글쓰기 수업 때 아이들에게 어떤 꿈이 있는지 물어봤습니다.

"아직 꿈이 없는데요."

생각보다 많은 아이들이 자신의 꿈이 무엇인지 생각해보지 않고 있었습니다.

"그럼 '내 꿈은 무얼까?'라는 주제를 정해 글쓰기를 하면서 찾아보겠습니다."

아이들에게 '꿈'이라는 주제를 정하고 종이에 1~5번까지 숫자를 먼저 적게 합니다. 그리고 숫자 뒤에 주제와 관련한 제목을 붙여봅니다.

생각이 떠오르는 대로 제목을 쓰도록 도와주세요. 빈 칸을 모두 채우면 좋겠지만 한두 개만 채워도 상관없습니다. 너무 어렵다면 '꿈'이라는 주제를 조금 더 구체적으로 표현해도 좋습니다. '주제=책 제목'과 같습니다. 만약 아이가 선생님을 꿈꾸고 있다면 주제를 '내 꿈은 선생님'이라고 정해도 좋습니다.

제목을 만들 때도 머릿속에 떠오르는 걸 자유롭게 적어보면 됩니다. 아이들끼리 서로 질문하고 대답해보는 것도 좋습니다. 가정에선 엄마와 아빠가 함께 해봐도 좋습니다. 서로 궁금한 것을 이야기하다 보면 주제와 제목이 떠오를 겁니다.

주제와 제목을 만들다 보면 창의적 생각이 필요하다는 것을 알게 됩니다. 그래서 글쓰기는 서로 엉뚱한 질문과 상상을 하며 놀이처럼 즐겁게 해야 합니다. 그 과정에서 주제와 제목이 만들어지기 때문입니다.

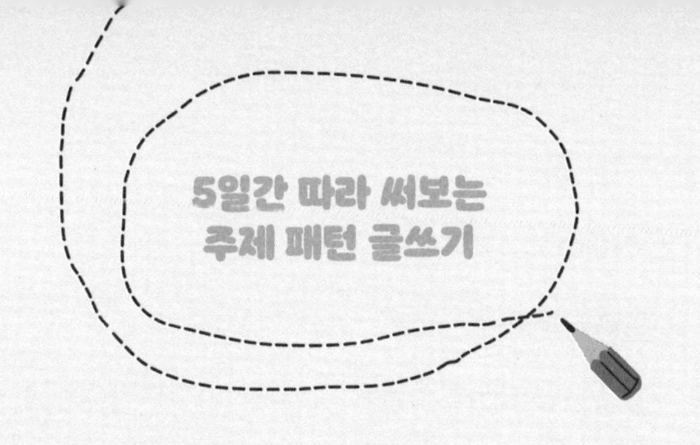

월요일 : **최근 관심사를 떠올리고 다양한 제목을 지어보세요.**

자신이 흥미를 느끼거나 관심 있는 것이 무엇이 있는지 찾아보세요. 주제 패턴 글쓰기는 주제를 만들고 거기에 관련된 제목을 만들고 글을 쓰는 것입니다. 요즘 아이들에게 인기가 많은 '펭수'를 주제로 다양한 제목을 지어볼 수 있겠죠. 예를 들어, '펭수는 정말 펭귄일까?', '키는 얼마일까?', '펭수와 놀러가고 싶은 곳이 있다면?'과 같이 제목을 만들어 놀이처럼 쓸 수 있어요.

[주제]	제목 ③
제목 ①	제목 ④
제목 ②	제목 ⑤

화요일 : **취미 활동을 떠올리고 다양한 제목을 지어보세요.**

여행, 먹방, 게임, 운동, 유튜브 시청, 독서, 음악감상, 영화감상, 늦잠… 무엇이 더 있을까요?

[주제]	제목 ③
제목 ①	제목 ④
제목 ②	제목 ⑤

수요일 : 요즘 고민을 떠올리고 다양한 제목을 지어보세요.

친구 사귀기, 공부… 무엇이 더 있을까요?

[주제]

제목 ①

제목 ②

제목 ③

제목 ④

제목 ⑤

목요일 : 부모님과 함께 대화하며 다양한 제목을 지어보세요.

가족과 대화를 하면서 무엇을 써볼지 찾아보세요.

[주제]

제목 ①

제목 ②

제목 ③

제목 ④

제목 ⑤

금요일 : 작가라면 어떤 책을 쓸지 상상하고 다양한 제목을 지어보세요.

쓰고 싶은 주제도 좋고, 평소에 상상하는 것도 좋습니다.

[주제]

제목 ①

제목 ②

제목 ③

제목 ④

제목 ⑤

▲ 선생님의 글쓰기 지도 Tip! ▲

다섯 가지 패턴 글쓰기의 마지막 수업은 대부분 주제 패턴으로 정합니다. 이유는 간단합니다. 모든 패턴 글쓰기를 다 적용할 수 있기 때문입니다. 지속적 글쓰기도 가능하고, 모든 것을 복합적으로 할 수 있습니다. 게임처럼 써도 됩니다. 엄마나 아빠, 친구와 이야기하면서 쓸 수도 있습니다. 주제와 제목을 만들면 몇 편의 글을 계속 나열하면서 쓸 수 있다는 장점이 있습니다.

다섯 가지 패턴 글쓰기를 통해 10분 글쓰기의 글머리가 쉽게 열리면 좋겠습니다. 각 패턴을 적용하는 것은 어렵지 않습니다. 억지로 적용할 필요도 없습니다. 아주 쉽게 정리해보도록 하죠. 관찰 패턴은 보이는 것을 적으면 글쓰기가 시작됩니다. 오감 패턴은 눈, 코, 입, 귀, 손이 느낀 것을 적으면, 질문 패턴은 질문과 답변을 적으면, 감정 패턴은 감정을 적으면, 주제 패턴은 주제와 제목을 적으면 글쓰기가 시작됩니다.

가장 중요한 것은 아이들이 글쓰기를 시작하는 것입니다. 세상에 완벽한 글은 없습니다. 수많은 과정이 있을 뿐입니다. 다섯 가지 패턴 글쓰기의 핵심은 단순합니다. 일단 글을 써보는 것입니다. 아이들에게 연필을 쥐어주세요. 그러면 나머지는 아이 스스로 해낼 겁니다. 놀이처럼, 장난처럼 조금 가볍게 시작했으면 좋겠습니다.

글쓰기 습관을 유산으로 물려줘야 합니다. 글쓰기 수업은 글을 잘 쓰기 위한 수단이 아닙니다. 한 편의 글을 잘 쓰기 위해 반드시 거쳐야 하는 과정도 아닙니다. 자신의 생각과 감정을 잘 읽고, 창의적인 아이로 성장하기 위한 도구일 뿐입니다. 또한, 아이의 자존감을 위한 도구입니다. 그러므로 글쓰기를 통해 자신과 대화하고, 세상과 소통하는 아이로 스스로 성장할 수 있게 도와줘야 합니다. 그러기 위해 글쓰기에 거창하게 접근하기보다 아이의 글머리가 열리게 도와줘야 합니다.

다섯 가지 패턴 글쓰기를 각각 활용해 5일간 썼다고 가정하면 모두 25편의 글을 모을 수 있습니다. 글을 쓰기 위한 준비과정을 빼고 10분씩 썼다면 총 250분입니다. 대략 4시간 정도입니다. 별것 아닌 것 같지만 엄청난 양과 시간입니다.

일주일에 5일이면 충분합니다. 하루에 10분이면 충분합니다. 다섯 가지 패턴 글쓰기를 잘 활용했다면 총 25편의 글이 완성돼 있을 겁니다. 그렇게 쓴 글들을 묶으면 세상에 단 하나뿐인 책으로 만들 수도 있습니다. 당신의 아이를 위해 다섯 가지 패턴 글쓰기를 시작할 준비가 되셨나요?

에필로그

우리 아이가 드디어 쓰기 시작했어요

초등 글쓰기는 어렵게 생각하면 한없이 어렵습니다. 아이들이 글쓰기에 쉽게 다가가도록 하려면 매일 조잘거리는 대화를 글로 쓴다고 생각하면 됩니다. 글쓰기의 변하지 않는 진리는 단순합니다. 이 책을 통해 전하고 싶은 내용도 바로 그것입니다.

"글은 써야 써진다."

아무리 좋은 방법을 설명해도 결국 본인이 써야 글이 나아지고 완성됩니다. 초등 글쓰기를 가르치며 중요하게 생각한 것은 아이들에게 글머리를 열어주자는 것이었습니다. 어떻게든 한 문장을 적을 수 있게 도와주면 나머지는 아이들 스스로 달리기 시작합니다. 아이들은 들판에서 어디로 뛰어야 할지 모르는 야생마와 같습니다. 그런 아이들에게는 손가락으로 방향만 알려줘도 충분합니다. 초등 글쓰기가 바로 그런 나침반의 역할을 합니다.

만약 아이뿐만 아니라 부모님들도 글쓰기가 어렵다면 다섯 가지 패턴 글쓰기로 시작해보시기 바랍니다. 아이를 가르치려 하지 말고 함께 글 동무가 되어주시기만 하면 됩니다. 글쓰기는 그 누구도 대신해줄 수 없습니다. 아이가 쓴 글이 곧 아이를 가르칩니다. 엄마와 아빠는 옆에서 칭찬만 해주면 충분합니다.

아이들이 글쓰기 습관을 만드는 데 다섯 가지 패턴이 작은 힘이 되면 좋겠습니다. "평소 글쓰기를 하고 있나요?"라는 질문에 거침없이 "네."라고 대답하는 계기가 되었으면 합니다.

아이의 글머리가 5일 안에 완성된다!

하루 10분의 기적 초등 패턴 글쓰기

1판 1쇄 발행 2020년 9월 19일
1판 5쇄 발행 2022년 2월 7일

지은이 남낙현
펴낸이 고병욱

기획편집 이새봄 이미현 김지수
마케팅 이일권 김윤성 김도연 김재욱 이애주 오정민
디자인 공희 진미나 백은주 **외서기획** 이슬
제작 김기창 **관리** 주동은 조재언 **총무** 문준기 노재경 송민진

교정교열 김승규

펴낸곳 청림출판(주)
등록 제1989-000026호

본사 06048 서울시 강남구 도산대로 38길 11 청림출판(주) (논현동 63)
제2사옥 10881 경기도 파주시 회동길 173 청림아트스페이스 (문발동 518-6)
전화 02-546-4341 **팩스** 02-546-8053
홈페이지 www.chungrim.com **이메일** life@chungrim.com
블로그 blog.naver.com/chungrimlife **페이스북** www.facebook.com/chungrimlife

ISBN 979-11-88700-67-7(13590)

※ 이 도서의 국립중앙도서관 출판예정도서목록(CIP)은 서지정보유통지원시스템 홈페이지(http://seoji.nl.go.kr)와 국가자료종합목록시스템(http://www.nl.go.kr/kolisnet)에서 이용하실 수 있습니다. (CIP제어번호 : CIP2020033110)